国家社会科学基金项目资助

碳权资产
估值方法及其应用研究

梁美健　等◎著

TANQUAN ZICHAN GUZHI FANGFA JI QI YINGYONG YANJIU

首都经济贸易大学出版社
Capital University of Economics and Business Press
·北京·

图书在版编目（CIP）数据

碳权资产估值方法及其应用研究/梁美健等著 . -- 北京：首都经济贸易大学出版社，2022.4

ISBN 978 - 7 - 5638 - 3338 - 2

Ⅰ.①碳…　Ⅱ.①梁…　Ⅲ.①二氧化碳—排污交易—研究—中国　Ⅳ.①X511

中国版本图书馆 CIP 数据核字（2022）第 042970 号

碳权资产估值方法及其应用研究
梁美健　等著

责任编辑	胡　兰	
封面设计	砚祥志远·激光照排 TEL: 010-65976003	
出版发行	首都经济贸易大学出版社	
地　　址	北京市朝阳区红庙（邮编 100026）	
电　　话	(010) 65976483　65065761　65071505（传真）	
网　　址	http://www.sjmcb.com	
E- mail	publish@cueb.edu.cn	
经　　销	全国新华书店	
照　　排	北京砚祥志远激光照排技术有限公司	
印　　刷	北京建宏印刷有限公司	
成品尺寸	170 毫米 × 240 毫米　1/16	
字　　数	242 千字	
印　　张	13.5	
版　　次	2022 年 4 月第 1 版　2022 年 4 月第 1 次印刷	
书　　号	ISBN 978 - 7 - 5638 - 3338 - 2	
定　　价	48.00 元	

前　言

2020 年 9 月，中国在联合国大会上承诺：二氧化碳排放力争于 2030 年前达到峰值，努力争取 2060 年前实现碳中和，简称"30·60"目标，"30·60"目标已逐渐成为我国低碳绿色发展的重要战略指标。随着我国碳权资产交易市场的发展，需要从评估的专业角度为碳权资产的交易提供一个合理的价值，反映碳权资产的内在价值。

本书以国内外文献成果为基础，首先，归纳并重新定义了碳权资产的概念、特征和分类，并分析了碳权资产市场交易现状、国内外关于碳权资产交易关键信息的对比；其次，通过实证分析，探究了影响碳权资产价值的因素，包括地区经济因素、行业能源消费因素、企业减排因素等，评估人员在评估碳权资产时应该更加关注这些因素；再次，以传统资产评估的三大基本方法为出发点，对市场法、收益法、成本法基本模型进行优化，通过案例分析逐步完善，使其更适用于碳权资产的评估，并在此基础上采用实物期权法以及影子价格等方法，构建了比较全面的碳权资产评估方法体系；最后，从碳权资产评估的基本要求、评估对象、价值类型、评估方法、披露要求等六大方面，编制了碳权资产估值方法应用指南，并针对我国碳权交易市场和碳权资产评估提出了相关建议。

本书的研究是在国家社会科学基金项目"碳权资产估值方法及其应用研究"的资助下完成的。本书的完成是老师和同学们共同努力的结果，特别是首都经济贸易大学财税学院范庆泉老师给予了大力支持和帮助；其中，迮啸洋参与了第二章，耿沐忱参与了第三章，贾颖逸参与了第四章，郭怡思、段亚琛参与了第五章，徐佳囡参与了第六章、第七章，孙立颖参与了第八章，杨旭参与了应用指南的写作；最后，由郭文、付娆协助梁美健完成了本书的其他章节、统稿与最后成书。

由于研究团队的水平与能力有限，本书难免存在一些不足之处，敬请广大读者批评指正。

目　录

第一章

引言

第一节 背 景

联合国公布的一份气候调查报告显示，按照现在的趋势，2030 年全球升温将超 1.5℃，这将会成为世界极端自然灾害的临界点。那时，北极会出现夏季无冰、极度干旱、海平面上升等情况，从而威胁到数以万计的生命，给我们的生活带来灾难性的变化。截至目前，气温已经上升了 1℃，与 1.5℃ 的阈值只相差 0.5℃。温室效应等气候问题亟待解决。自 20 世纪 90 年代联合国发起的气候缔约会议召开以来，世界上大多数国家已成为温室气体减排队伍的一员。1992 年 5 月 9 日，联合国政府间谈判委员会就气候变化问题达成公约，通过《联合国气候变化框架公约》（以下简称《公约》）首次以法律形式确立了气候变化国家间合作的基本框架。1997 年，《公约》第三次缔约方会议通过《京都议定书》，该协议为碳排放制定了一个严格的市场机制（在此机制下，二氧化碳排放将受到十分严格的管制），并且把碳排放权看作是一种有价商品进行交易，为减少二氧化碳排放提供了一种新的模式与思路。2015 年 11 月 30 日至 12 月 12 日，法国巴黎气候大会成功举办，会上达成《巴黎协定》，对 2020 年后应对气候变化的国际机制做出安排。2016 年，170 多个缔约方领导人齐聚联合国总部，共同签署了《巴黎协定》，标志着全球应对气候变化进入新阶段。

2018 年 12 月，在波兰举行的联合国气候变化卡托维兹会议谈判了《巴黎议定书》的实施细则，为实施该协定奠定了制度和规则基础。2017 年，美国总统特朗普宣布退出 195 个有明确减排目标和承诺的缔约方签署的《巴黎协定》。然而，由美国州长、市长、高管和环保人士组成的组织坚持执行该协议。美国的地区性碳交易市场非常活跃。2018 年，由加州政府主办的全球气候峰会在美国旧金山举行，会议旨在推动全球国家层面的应对气候变化行动。此次会议不同于往常的是，这是一次只包含地方政府代表、企业家、专家学者以及社会机构代表参与的有关气候变化的全球性会议，没有国家元首、政府首脑出席。此次会议就气候变化威胁的紧迫性进行了讨论，提出应对之策及行动倡议，以激发更进一步的国家承诺，更好地支持《巴黎协定》。

在 2019 年的联合国气候变化大会（COP25）上，以"脱碳实验室"著称的哥斯达黎加为典例，印证了"脱碳"的可行性与可营利性。此次会议为加速世界经济"脱碳"提供了基础，并且制定了目标，要求在 2050 年实现温室气体"零净排放"。此次会议主要围绕三个主题展开：城市和电动交通、基于自然的解决方案和"蓝色经济"。此次会议正式结束了谈判的时代，真正走上了付诸行动的道路，这是目前为止重中之重的时间节点，这个转变将会为世界带来更多的福利。

现在世界范围内的碳交易市场主要包括欧盟碳排放交易系统（European Union Emission Trading Scheme，EU ETS）、洲际交易所（Intercontinental Exchange，ICE）、美国芝加哥气候交易所（Chicago Climate Exchange，CCX，后并入 ICE）、日本东京碳交易市场等。作为一个负责任的大国，中国也积极参与全球减排，并向世界承诺了可量化的二氧化碳减排目标，以降低碳强度。2012 年，中国在深圳、上海、北京、广东、天津、湖北和重庆建立了 7 个碳排放交易试点。2016 年，福建省和四川省相继推出碳交易市场。目前，有 9 家碳交易所在运营。截至 2018 年 11 月，试点地区碳排放配额交易量达到 2.7 亿吨二氧化碳，交易金额超过 60 亿元。碳交易试点地区碳排放总量和强度有所降低。中国各方面的减排实践取得了一系列成果。2013—2018 年，我国规模以上企业单位工业增加值能耗下降 30%，单位工业增加值二氧化碳排放量下降 32%。工业绿色发展取得积极进展。中国从五个方面推动企业实现绿色低碳发展：一是实施工业节能服务；二是创新服务模式，强化标准制定；三是以绿色金融服务推动工业应对气候变化；四是成立中国绿色制造联盟；五是建设绿色制造公共服务平台。

2017 年，全国统一碳排放交易市场正式启动，旨在利用市场机制推动更进一步的减排目标的实现。根据统计结果，2017 年世界二氧化碳排放总量达到 334 亿吨，中国占 28%，远超其他国家，位列第一。面对气候变化，中国坚持以实际行动落实在《公约》和《巴黎协定》上的承诺，推动全球绿色低碳转型，展现"负责任大国"的担当。2017 年中国的碳强度比 2005 年降低了 46%，提前实现了习近平主席 2015 年在纽约联合国总部提出的降低 40%—45% 的目标。中国的减排目标是，在 2030 年左右二氧化碳减排达到峰值，并且争取尽早达到峰值。单位国内生产总值二氧化碳排放比 2005 年下降 60%—65%。《"十四五"中国分省经济发展、能源需求与碳排放展望——基于多区域动态 CGE 模型的分析》报告显示，2015 年、2020 年和 2025 年，中国二氧化碳排放量分别达到 97 亿吨、103 亿吨和 105 亿吨，表明碳排放总量虽然在 2020 年之后仍在增长，但增幅已经明显放缓，2025 年左右中国将进入峰值平台期。

此外，中国碳交易市场方兴未艾。在 2018 年 12 月 20 日举行的"新环境下的国家碳市场：回顾与展望"媒体研讨会上，生态环境部气候司履约处副处长王铁表示,《碳排放权交易管理暂行条例》草案已经形成并经过多次修改,正在加速出台;生态环境部气候司司长李高表示,下一步重点工作还包括加快完善国家碳市场体系,尽快将国家认证自愿减排纳入国家碳市场,加快国家碳市场基础设施建设,包括碳排放权登记制度、交易制度和数据报送制度。中国政府近几年在大力倡导工业企业积极应对气候变化。《工业绿色发展规划(2016—2020年)》明确提出,2020年,单位工业增加值二氧化碳排放量比2015年下降22%,绿色低碳能源占工业能源消费比重达到15%。2020年10月21日,生态环境部副部长在新闻发布会上表示,将完成污染防治"十三五"规划,并且努力做好"十四五"的目标设定和管理,加快建设全国碳权交易市场。在二氧化碳等温室气体的排放受到环境容量的限制和国家倡导节能减排影响的背景下,碳排放权的价值逐渐被市场接受和认可。碳排放权交易在国内外已全面展开,作为一种资产,其计价方法和应用的改进迫在眉睫。碳权资产作为一种新型资产,对其进行正确合理的估值是反映和核算碳权资产公允价值、交易碳权资产不可缺少的环节,是调动碳权资产交易积极性、实现碳减排目标的关键,这也关系到中国能否实现国家碳排放目标。

我国碳权资产交易市场起步较晚,估值理论也不完善。碳权资产评估基本上是一个新的领域,这使得我国在碳权资产交易中处于弱势地位,向发达国家出售碳权资产的单价远低于国际平均水平,交易价格波动较大。从评估专业角度对碳权资产进行估值时,许多参数难以量化。首先,运用收益法进行碳权资产估值时,需要科学合理地预测其所带来的经济收益,不仅包括进行碳权资产交易时产生的收益,还包括碳权资产所产生的协同效应为企业带来的经济利益的流入。目前对交易经营过程中碳资产为企业带来的经济利益的评估较为困难,因为不同地区、行业和企业之间碳权资产为企业带来的经济效益是不同的,这给衡量其对企业价值的贡献程度带来困难。由于碳权资产自身的特殊性,对其产生的预期未来收益进行科学合理的评估难度较大。其次,使用成本法进行评估时,关键是对标的资产进行各种损耗和重置成本的评估,但目前碳权资产的重置成本和各种损失难以计量和确定,目前碳配额的分配形式主要是无偿的,这使得碳权资产成本和折旧的计量具有不确定性和风险性,用成本法对碳权资产进行评估比较困难。最后,在运用市场法进行评估时,市场交易价格受市场供求关系影响明显。例如,欧盟在第一期由于数据不准确,配额制定过分充足,导致供过于求,碳交易价格相对较低;在第二期,尽管大幅地收集数据,但是又遇到欧债危机,企业减产后排放量减少使得配额用不完,所以碳排放权价格下跌严重。此外，清洁发展机制（Clean Development Mechanism，CDM）所产生的核能减排被大量地用于抵消碳交易市场，供给严重超过需求，所以价格比较低。基于上述背景，从评估的专业角度确定影响碳权资产价值的重要因素，修正估值模型，有助于碳权资产价值评估方法的建立与完善，弥补现有方法的不足，使碳权资产评估体系更加完善，填补评估界有关碳权资产评估的空白，为建立全国统一的碳排放交易市场提供价值理论依据。

第二节　国内外文献综述

一、碳权资产定价方法研究

（一）影子价格

影子价格反映了资源在最优配置中的真实价值和稀缺性。一般来说，影子价格反映的是使用一个以上单位的资源所能带来的边际收益，它从另一个侧面衡量这类资源的价值。

Coggins（1996）利用产出距离函数研究了美国 209 个电厂的二氧化硫排放权影子价格。胡民（2007）运用影子价格理论和模型，讨论了在供需平衡、价格灵活的市场条件下，排污权初始分配定价和排污权交易定价问题；他认为影子价格能够反映这两种情况下排污权的内在价值。叶斌、唐杰、陆强（2012）以深圳电网 2011 年的数据为基础，通过对电力需求、温室气体排放总量、区域能源可利用量的约束，采用线性规划模型，得到电力系统碳排放权影子价格，并计算出温室气体排放强度、排放上限、碳排放权影子价格，进一步探讨了化石能源发电的碳捕获和碳储存对电力系统碳排放权影子价格的影响。关丽娟、乔晗、赵鸣等（2012）通过构建以企业利润最大化为目标的碳排放权影子价格模型，以碳排放权为约束条件，得出上海市碳排放权配额的定价依据。焦金金（2018）从碳排放权无形资产的概念出发，结合相关文献，总结了影子价格在评估中的应用，将影子价格与传统方法进行了区分，探讨了影子价格的适用性，构建了模型，并收集北京市工业和交通运输业的数据，调整参数后得到影子价格。

蒋伟杰、张少华（2018）以评估碳边际减排成本、设定环境税框架以及评价碳排放权交易体系有效程度为出发点，拟建立一种碳影子价格稳健估计方法，从而弥补之前估算碳影子价格时参数线性规划模型对随机干扰十分敏感的问题。汪中华、胡垚（2019）从交易价格的扭曲度出发，结合方向性产出距离函数和粒子群算法，将我国7家碳排放权交易试点所在地区的碳排放影子价格与均价相比，得出试点地区的交易价格和影子价格变动趋同的结论。潘露（2020）以传统的柯布－道格拉斯函数为基础，结合超对数生产函数，将碳排放权与传统的生产要素相结合，得出了我国碳排放权的影子价格模型。周林、刘泓汛、曹铭等（2020）以电力行业碳减排为背景，结合影子价格模型和边际减排成本，从理论上构建了全国碳排放交易模型，并得出了电力行业的碳减排潜力、我国东西部地区减排难度及交易均衡价格有较大差异的结论。

（二）成本模型

Rubin（1996）研究了在公司综合成本最小化时碳排放权的价格问题。Ciorba等（2001）、Holtsmark和Maestad（2002）均运用MACs曲线来得到碳减排成本价格。Fischer和Newell（2008）采用机会成本法对碳排放权价格进行研究，认为环境政策和公众参与对碳排放权价格有显著影响。Bole（2009）应用WICCH模型，研究了碳减排价格和成本。Srinivasan（2011）认为碳排放税是一种企业的环境成本，因此从外部成本内部化的角度，探讨了碳排放权的定价原理。为避免数学模型应用的复杂性，屠新曙、郭琳琳、刘纪显（2012）针对微型企业之间的碳排放交易，建立了两个交易主体的碳减排成本曲线，从动态角度分析了碳排放交易和定价过程，为微观交易双方提供定价依据。

Criqui等（1999）通过构建POLES模型，模拟了不同交易情景下碳排放权交易市场的二氧化碳减排成本，认为碳减排边际成本可以作为碳排放权的市场价格，而不考虑其他成本。陈立芸、刘金兰、王仙雅等（2014）从企业间边际减排成本的差异出发，采用非参数方向距离函数建立动态分析模型，以天津市28个高排放行业为研究对象，得出各行业的边际减排成本，并将其作为定价依据。

沈剑飞、伊静（2015）基于碳排放权的内在价值，通过本－量－利分析，建立了碳排放权定价模型，其核心是碳排放权的内在价值可以用它给企业带来的最大利润来表达，同时以火电企业为研究对象，验证发现火电企业碳排放权的价格区间与市场价格一致，说明了模型的合理性。杨子晖、陈里璇、罗彤（2019）以边际减排成本与技术效率为分析基础，结合二次型方向性距离函数模型，考察了各省区市边际减排成本的影响因素，得出减排具有规模效应、煤炭能源的替代性以及研发强度与减排成本存在相关关系的结论。王钊、王良虎、胡江峰（2019）以非参数方法构建方向性环境距离函数，根据2010—2016年城市面板数据，测算城市碳排放的机会成本，得出碳排放试点城市碳排放比非试点城市机会成本低，印证了试点城市碳减排具有极大的潜力。王昕婷、吴芷萱、袁广达（2020）以火电企业的碳排放为基础，根据改进后的短期碳生产模型测算其碳排放成本，再与其主营业务相减，得出碳排放权的内在价值，并以大唐国际碳排放权为例，印证了模型的合理性。徐静、张瑜璇（2020）认为，企业决策存在离散性、不能简单地连续化这一现实导致了企业制定合理的减排决策会出现相应的问题，并影响减排企业的边际成本和碳权价格，基于此，其以电力企业为例，采用动态方法建立了电力企业的离散减排模型，最终得出边际减排最优成本。

（三）期权模型

Daskalakis 等（2009）研究发现，在实物期权模型中，边际成本和排污控制的公共政策变化对碳排放权价格有决定作用。在《京都议定书》的背景下，Tillmann（2009）从实物期权理论出发，求得碳排放权的对冲价格。Paul 等（2010）针对欧洲碳排放权交易市场的碳期权交易，建立了可以反映欧洲碳期权价格变动的正态非高斯分布有效模型。王璟珉等（2010）认为自由分配、公开拍卖和价格出售不能满足公平和效率的要求，因此引入期权理论来弥补初始分配的不足，并用期权模型来求解其初始分配价格。

何梦舒（2011）提出我国碳排放权的初始分配可以是免费和有偿的碳选择权分配相结合，并采用二项式和 B - S 实物期权模型对碳选择权的初始分配进行定价。朱跃钊等（2013）利用 B - S 定价模型，探讨了碳排放权定价中收益波动率、期权期限等参数的选择方法，并以欧盟碳交易市场数据为基础，构建了实物期权模型。徐静、储盼、任庆忠（2015）认为，在碳减排市场中引入期权机制，可以更好地防范风险，提高交易灵活性；他们利用 GARCH 模型对 B - S 实物期权模型中欧盟碳配额（European Union Allowance，EUA）的波动性进行了估计。郭文、叶子瑜、王洁等（2019）以核证自愿减排量（Chinese Certified Emission Reduction，CCER）项目开发而形成的企业项目为主要研究对象，采用实物期权法中的 B - S 模型，验证了企业项目中实物期权的特性和重要性，并得出如果不考虑企业项目碳资产的实物期权特性，会使碳资产的价值被低估的结论。于倩雯、吴凤平、沈俊源等（2020）基于模糊测度参数和 Choque 积分，建立了 Choque 期望效用最大化条件下的碳期权定价模型，并考虑了碳排放权的合理分配、投资者资金的合理使用、投资决策的影响，以及保护卖方利益等现实因素对碳期权定价的影响，在一定程度上克服了现有定价模型计算的复杂性及投资者偏好等不足。黄岚（2020）以提升碳排放权评估的可靠性为目标，对 B - S 期权定价模型进行改进，引入交易费用比例，运用数理分析，形成全新的定价模型，对 B - S 定价模型的应用领域进行了拓展，最终用竹林碳汇项目进行实证分析，加深了对碳排放权价值评估的研究。

（四）期货定价模型

Uhrig - Homburg 和 Wagner（2009）、Mohamed 等（2012）的研究均表明，碳排放权的期货价格不仅可以反映现货价格，还有预测作用。洪娟、陈静（2009）建立了我国碳交易价格函数模型，并根据模型分析了影响碳交易价格的因素，研究发现，国际碳交易市场上的衍生品价格对我国碳价格影响很大。冯路、何梦舒（2014）研究了我国碳排放权期货的定价机制，针对三种不同的市场条件，运用无套利的思想，分别建立了定价模型，通过比较，得出结论：放松完全市场和不完全市场条件下的期货定价模型不适合我国新兴的碳排放权期货市场。邹绍辉、张甜（2018）利用协整函数和 Granger 因果关系检验，结合 VAR 模型、脉冲响应函数和方差分解方法，得出国际碳期货价格对国内碳价格的影响为正的结论。

二、碳权资产价值影响因素研究

（一）国外碳权资产价值影响因素研究

国外有关碳权资产的研究最早围绕欧洲市场，主要是针对其交易价格影响因素展开的。Christiansen 等（2005）分析了 2005—2007 年影响 EU ETS 的排放许可价格的关键因素，包括政策和监管、天气、生产水平和技术指标等，结果表明，天气等间接市场因素会影响电力需求和相对燃料价格，并在中短期内对市场价格产生推动作用。Kanen（2006）认为能源需求的增加会同时提高能源价格和二氧化碳排放量，进而提高欧盟的现货价格，因此研究和比较了煤炭、石油和天然气价格对碳价格的长期和短期影响，并通过英国贸易和工业数据对上述影响因素进行了实证回归。Redmond 和 Convery（2006）从 EU ETS 框架构建角度，对影响价格的因素进行探讨，认为制度和法律是整个交易体系的基石，因而会有影响，从欧盟市场发展的角度来看，能源价格等因素也会对碳价格产生影响。Mansanet - Bataller 等（2007）通过研究天气和非天气变量的影响，发现能源因素是影响二氧化碳价格水平的主要因素，尤其是天然气和布伦特原油价格，同时，极端天气条件也会影响物价水平。Redmond 和 Envecon（2008）

研究了降水、气温、能源价格（煤、石油、天然气）、上期欧盟价格以及政策法规对欧盟价格的影响，研究发现上期的配额价格对 EUA 价格走势的影响最大，降水量以欧洲北、中、南地区主要城市的平均降水量为代表，气温则采用冷度日（Cooling Degree Day，CDD）和暖度日（Heating Degree Day，HDD）测量。Alberola 等（2009）认为，工业生产部门的碳排放密度对未来的 EUA 价格也会产生影响。

Hintermann（2010）提供的证据表明，极端天气条件和能源价格对二氧化碳价格有很大影响；通过对 EU ETS 第一阶段的研究，Hintermann 探讨了 2007 年年中之前每吨二氧化碳价格上涨超过 30 欧元，之后又跌至零的原因；在此基础上，又建立了有效价格假设下的补贴价格结构模型，并引入滞后 LHS 变量，发现价格最初不是由边际减排成本驱动的，而是由极端气候条件和能源价格驱动的。Maydybura 和 Andrew（2011）通过研究天然气、石油、煤炭、气温和 GDP 增长对欧洲气候交易所碳价格的影响，发现上述因素都有不同程度的影响，值得注意的是，天然气价格与碳价密切相关，而石油和煤炭价格似乎对碳价影响不大，其原因可能是近年来欧洲石油和煤炭的使用量有所减少，而天然气的使用量有所增加。Creti（2012）认为，欧盟市场阶段一所体现的基本面对碳价的影响要弱于阶段二。Hu 和 Liao（2013）使用 CARR 和 GARCH 模型研究天然气、布伦特原油和碳价格对 EUA 价格波动的影响，发现能源价格显著影响 EUA 价格。Lutz 等（2013）研究了 EUA 价格与能源价格、宏观经济风险因素、天气条件等基本面之间的非线性关系，发现 EUA 价格与基本面之间的关系是随时间变化的。

Andriiko 和 Suchchenko（2015）以 EUA 市场数据为基础，建立了碳价格评估模型，探讨了影响碳价格的典型因素（燃料、温度、GDP 增长率和政策），同时，考虑到新能源和绿色债券的影响，引入绿色变量，对上述因素进行多元回归分析，研究发现，即使已进入第三阶段，基本面因素仍有显著影响，绿色能源的影响不容忽视。Feng 等（2016）利用 Zipf 分析技术分析了收入预期和时间尺度对碳价格的影响，基于 EU ETS 价格，得出不同收益预期的交易者对碳价格的看法不同的结论：对于收入预期的底部，碳价格受到市场机制、季节性天气变化等异质性事件的影响；对于收益预期较高的交易者来说，碳价格受市场机制、季节性天气变化等异质性事件的影响，影响因素不是很直观。Anke 等（2020）研究了欧盟各个成员国的国家缓解政策，包括可再生能源扩张措施和煤炭淘汰制度，分析了国家政策对 EU ETS 和 EUA 有效性的影响，得出结论：可再生能源扩张对 EU ETS 的影响不显著，但煤炭的逐步淘汰具有很强的价格抑制作用。

综上所述，基于 EU ETS，国外碳权资产评估和碳权资产价值影响因素研究往往以基础分析为主，主要包括能源价格、GDP 增长、天气、政策等。

（二）国内碳权资产价值影响因素研究

由于我国碳交易市场的不完善，国内关于碳权资产的研究较少，大部分研究仍是基于欧盟的数据，与国外研究大同小异，但也有一些学者开始研究国内数据。

基于我国数据，洪涓、陈静（2009）以中国清洁发展机制为基础，从宏观层面分析了中国碳交易市场的影响因素，并综合考虑国际需求、国内供给、国内政府限价等因素，构建了中国碳交易市场的价格函数，并指出配额数量和实际排放量影响需求因素，交易成本和实际执行率影响核证减排量（Certified Emission Reduction，CER）的供给因素。另外，我国政府的限价因素也不容忽视。江玉国、范莉莉（2016）从企业角度出发，以"碳减排无形资产"为切入点，认为影响碳减排的主要因素包括人力资本、技术水平、管理水平、文化建设、能源结构、市场因素和关系因素，并建立了试验拟合模型，结果表明，关系因素对碳无形资产的形成没有明显影响，主要影响因素是低碳技术水平、管理水平、市场因素和能源结构。为了促使碳价的合理形成，汪中华、胡垚（2018）以 7 家试点公司的碳价为样本，利用 EEMD 方法将碳价分解，结合 FGLS 模型分析影响因子对碳价的影响程度，将影响因素细分为内在机制和外部环境，最终得出碳价会受二者共同影响的结论。

杜子平、刘福存（2018）以创建全国碳市场提供相应的政策建议为目标，采用 GA - BP 神经模型，计算了七大类共 16 个因子对 5 个区域碳价的影响，并使用 MIV 方法测算因子的影响程度，得出宏观经济及汇率对碳价的相关关系表现出正向性，政策和国际碳价对碳价的相关性较弱的结论。路京京（2019）通过脉冲响应函数、Markov - Switching 模型以及 Copula - EGARCH 模型，对应地从需求侧驱动因素、供给侧驱动因素、市场制度因素三个方面分析了中国碳排放交易价格的影响因素，为我国建立全国统一碳排放交易体系提供了理论基础。吕靖烨、杨华、郭泽（2019）以湖北和深圳碳排放点数据为依据，结合粗糙集属性约简，剔除影响较小的因素，之后采用 VAR 模型进行分析，得出在第六期各因素对湖北和深圳两地碳价贡献平稳的结论，为我国建立健康可持续的全国碳市场提供了现实的理论依据。张鹏（2020）以

EUA 第三阶段碳现货价格为基础，通过 VEC 模型的最优滞后阶段，实证分析验证了碳现货价格主要受原油期货价格滞后一期和自身滞后一期的影响。李谊（2020）对 2018—2019 年的碳排放权价格进行实证分析，运用协整验证、格兰杰因果关系、脉冲响应和方差分析等方法，得出影响碳排放权因果关系由强到弱的顺序，以及各变量之间存在长期均衡关系，为碳排放权价格的确定提供了参考。

总的来说，近年来我国碳权资产评估方面关于碳价影响因素的研究有了进一步的发展，并且也与国外研究缩小了差距。这说明我国越来越多的学者将目光投向碳权资产，学者们的建言献策必定会加快全国碳市场的建立及完善。这其中不乏一些优秀学者的观点值得我们学习：王爱国（2012）认为，从长远来看，应推进碳排放权公允价值计量模式；苑泽明、李元祯（2013）主张，碳排放权公允价值的获得需要借助评估手段和估价技术。由此看出，完善碳权资产评估方式，不仅是评估界亟须解决的问题，也是会计界一直讨论的问题，所以寻找合适的碳权资产评估方式具有重要意义。

三、碳权资产价值评估研究

碳权资产作为一种兼具商业属性和金融属性的新型资产，其价值评估将成为市场发展过程中的内在要求。关于碳权资产的定义和概念，万林葳、朱学义（2010）认为碳资产可分为两类，一类是在碳交易市场上获得的初始分配或碳配额，另一类是能够为企业带来碳减排的各种资产、技术、理念和策略。张薇等（2014）从物理量和价值量两个方面界定了碳排放权的资产性质：在物理量层面，它是企业依法排放温室气体的权利，是一种碳产权；在价值量上，由于它能给企业带来相关的收益或损失，因此是一种碳财产权。对碳权资产概念的界定，有助于正确认识评估客体。

理论界对碳权资产价值相关的评估方面也进行了全方位的探讨。Mason 等（2006）对低碳建筑以及设备进行了评估。Ratnatunga 等（2011）将碳排放权的评估视角拓展到森林碳汇方面企业获得碳减排能力的评估，借鉴无形资产评估的思路和相关方法，建立了环境能力提升模型。刘尚余（2007）通过建立多层次权重矩阵模型，从环境、社会、经济和技术进步四个方面对 CDM 项目的价值进行了评估。邱瑾（2012）则引入模糊理论来解释 CDM 项目的技术风险、审计风险和社会效应。陈汉明（2011）采用资产评估成本法的思想，认为排污权的价值可以通过环境修复成本来衡量。程擎擎（2012）则以减排成本作为排污权的基准价格，运用模糊数学方法对基准价格进行调整，建立了模糊综合评价指标体系，得到了二级市场视角下的价值模型。李元祯（2013）构建了碳排放权的价值评估模型，主要从碳排放权对企业的财务影响和经营影响两个方面来衡量碳排放对企业利润最大化的边际贡献，从而获得企业碳排放权的价值。张志红、戚杰（2015）提出在现有碳排放权的评估实践中，成本法是评估的首选方法。段康（2015）认为不同的减排方式和技术所产生的碳排放权的价格也不同，基于资产评估成本法的思想，他从碳中和、清洁能源开发、碳捕获与封存三个角度计算了碳排放权的重置成本。李邓杰、宋夏云（2018）利用碳资产的生产模型，计算出碳资产的成本，再结合 Puttly–Clay Vintage 短期碳生产模型，并在此基础上进行改进，以渐能电力为例进行验证，证明了模型的合理性，为我国制定科学统一的定价机制提供了参考。

Muller 等（1998）强调市场因素在碳排放交易中的作用，同时应考虑社会责任。彭敏（2010）建议在原交易日和财务报告日对碳排放权市场价格进行测算。王秋璞（2015）认为，在运用市场法对碳资产进行评估时，需要调整行业因素和区域因素，通过对经济环境等评价指标进行打分，确定其权重，得到调整系数。钱洁园（2015）则改进了市场法，用层次分析法确定各因素的权重，用模糊综合评价法确定评价矩阵，得出综合得分，将定性分析转化为定量计算，提高了评价的准确性。梁美健（2016）认为，市场法是未来碳排放权评估的最佳选择，建议借鉴发达国家的经验，改进传统的评价方法。梁美健（2018）再一次提出了碳权资产评估市场法的可行性，根据市场法评估的理论特征，选取了三个主要比较因素，运用协整检验、格兰杰因果检验等实证模型，并结合一定的实证分析，构建了碳权资产市场法差异修正模型。

Dhavale 等（2018）采用内部收益率对碳排放额度的价值进行研究。该方法采用基于 Gibbs 抽样的贝叶斯内部收益率模型，结果表明，内部收益率受碳信用现金流波动性和不确定性的影响。忽略这些不确定性特征，简单地使用现金流的预期值，将导致投资收益率的显著不准确。现金流量分配的高可变性对温室气体减排资产的内部收益率有负面影响。这种基于内部收益率的方法使决策者能够将其对碳权交易市场的知识与排放权交易产生的现金流结合起来。

Pradhan 等（2017）研究了如何利用相应的国家动态来计算一般均衡（CGE）模型，并利用该模型来估计中国和印度的碳价格。由于模型中新技术的排放强度和部署速度不同，中国的碳估算价格较高。

钱洁园（2015）从层次分析法的角度对碳权资产的评估进行了研究，界定了碳权资产的特点，简要介绍了层次分析法，结合碳权资产的特殊性，合理分析了层次分析法的适用性，并阐述了采用该方法的优缺点。栾凤奎、刘凯诚、何桂雄等（2018）以实物期权法为主要方法，对电网企业进行分析研究及建模，最终得出的结论是 CCER 项目期权价值最小，而电网公司碳配额交易获得的碳资产期权价值最大，二者产生差异的主要原因是市场价值的影响，因此建议电网公司购买碳配额。郭文、黄可欣（2019）通过构建 SBM 评估方法，测量了七大碳排放交易点 2013—2016 年的配额碳价的影子价格，从而得出配额碳资产和市场交易碳价的区别，研究认为，碳排放与 GDP 呈反方向变化，我国碳减排的困难在增加，我国碳资产的内在价值存在空间异质性，其价值难以促成发现机制。张凯艺、张潮（2020）基于企业项目碳资产价值评估，探究其评估模型，采用实物期权最常用的 B－S 模型对 CCER 项目进行构建，认为企业项目的碳资产评估主要包括自有价值和实物期权的价值。

四、贴近度和灰色关联度的研究

"模糊关联"理论包含模糊数学理论和灰色关联度理论，最早应用于工程造价领域。王祯显（1986）通过模糊数学中贴近度的计算，表达了拟建项目与已建项目之间的相似性。苏振民（1993）提出了灰色理论系统的函数生成方法，在很大程度上弥补了以往估计模型中调整系数的不足。2003 年，湖南大学在建设工程招投标软件系统研究项目中，将灰色系统理论与模糊数学相结合，建立了快速计算工程造价的数学模型，模糊关联理论后来在工程学科、大气科学及经济学等各个领域被广泛应用。

王国平（1994）利用灰色关联度对城市主要大气污染物的相关因素进行分析，首先对原始数据进行无量纲处理，建立主要污染物与其相关因素之间的关联矩阵，找出主要因素之间的关联顺序。吕红、姚淑萍、郑永红（1995）采用欧氏贴近度法和灰色关联度法对大气环境质量进行了评价，并对两种方法的评价结果进行了比较，欧氏贴近度法和灰色关联度法的计算公式比较简单，在实际应用中，这两种方法应相互借鉴、相互补充，使评价结果更加科学合理。王嵩峰、周培疆（2004）指出，传统的灰色平均关联度可能与实际的贴近度不一致，灰色平均关联度是在不考虑相关系数波动的情况下，比较各点序列与参考序列的相关系数的平均值；他们通过引入 Giread 贴近度，以相关系数集与理想集（系数均为 1）之间的贴近度作为关联度，建立了欧氏贴近度与灰色关联度相结合的地表水环境质量评价模型。霍润科、李宁、马英军（2004）以及张阳、柯勇、王鲁鑫等（2012）将灰色关联分析应用于模糊权重的计算，实现了模糊数学与灰色关联分析的巧妙结合，并应用于工程岩体的关联分析。单联宏（2010）利用备选方案、理想方案和负理想方案的灰色关联度构造相对贴近度，实现方案优化。也有学者将评估与灰色关联度相结合：邓慧婷、孟全省（2013）以马尾松作为评估对象，结合相应的实证分析，将灰色关联度与林木资产期权定价方法相结合，克服了灰色关联度和期权定价方法各自的缺点，得出了更贴近现实的林木资产价值；魏家齐、白波（2020）以专利资产评估领域为基础，结合相应的评估方法，引入灰色关联度理论进行灰色关联度分析，从而得出专利组的经济价值，最终以北京 T 安全科技公司为例，证明了其研究方法的合理性。

在评估领域，模糊数学概念主要用于市场法评估房地产价值和企业价值，总的来说运用较少。张协奎（2001）首次将模糊数学贴近度的概念和选择贴近度的思想引入市场方法评价中，采用指数平滑法建立模糊评价模型，从住宅、工业和商业房地产类型的角度，运用区域因素（包括交通条件和基础设施）和个别因素（包括装修、楼层、建筑质量等）建立特征因子集，并对这些软指标进行定性描述，通过分级建立隶属度，得到模糊贴近度，在此基础上确定与被评估房地产最接近的可比对象。周春喜（2004）在此基础上提出，贴近度可以解决房地产估价中的交易案例选择问题。张洁慧（2014）以上市公司的财务数据为基础，运用模糊数学对可比公司进行筛选，最终确定企业价值，以销售收入、息税前利润、税金、折旧摊销、利润总额、净利润、税后净现金流量等 10 个指标为特征因子，根据各因素回归得到的结果，计算特征因素的权重，进而得到贴近度。李毅（2015）对贴近度中权重的确定进行了优化，将灰色关联分析应用于模糊权重计算，并将其应用于房地产市场价值评估。

五、国内外研究述评

综上所述，国内外学者对碳权资产的研究大多集中于狭义的碳权资产，即碳排放权。由于国外碳市场发展起步较早，体系较为完善，因此相关研究也较为成熟和丰富。在碳权资产定价、影响碳权资产价格的因素、碳金融等领域都有非常成熟的理论和方法。对碳权资产估值方法的研究成果大多集中在期权期货定价模型、影子价格、成本模型和市场法的定性分析上。由于相关数据和信息获取困难，交易案例少，交易情况与行业差异大，影响碳权资产价值的因素复杂，且难以识别和量化，因此，目前最常用的定量分析方法是回归法，它主要考虑碳的价格和相应的能源，而且模型比较简单，结论单一。国外学者主要以欧盟为代表的发达国家为背景，估值过程和数据均难以直接应用于我国。国内许多学者对碳交易和碳定价进行了研究，取得了丰富的成果，积累了宝贵的经验。但是，运用资产评估的原理和方法对碳权资产进行评估还存在一些问题。人们认识到有必要对碳权资产的评估方法体系进行系统的研究，而市场法是首选的评估方法，但基本停留在理论分析以及单独行业的研究层次上。由于碳权资产的特殊性及其评估环境和条件的复杂性，在运用市场法评估的过程中，常用的修正系数和修正标准不能科学合理地修正被评估碳权资产与可比对象之间的差异，而目前比较缺乏对碳权资产市场法特征因素的研究修正，尤其在我国碳交易市场数据不完善的情形下，国内外碳交易的宏微观影响因素都有很大差异，从而导致市场法中的交易案例选择非常困难。因此，有必要对碳权资产评估的方法体系进行系统的研究，完善研究方法，规范具体的实际操作过程。本书结合我国碳权资产交易市场的现实情况，利用国内外可收集到的相关数据，通过定性分析和定量分析相结合的方法，分析研究碳权资产价值的影响因素，完善碳权资产估值方法。

第三节　研究目标与意义

一、研究目标

碳权资产在资产属性上与金融资产、无形资产既有相似之处，也有不同之处。传统的资产评估方法无法在具体应用中推广。随着我国碳权资产交易市场的发展，需要从专业角度为碳权资产交易提供合理的价值评估，体现碳权资产的内在价值。因此，本书基于上述的研究，首先对碳权资产的概念、特征和内容进行定义；其次，构建碳权资产估值的方法论体系，研究碳权资产价值的影响因素，拟从评估的三个基本方法和实物期权法的角度探索碳权资产评估方法，为碳权资产估值提供方法指导；最后，为切实解决碳权资产实际估值中的方法问题，本书设计实务操作指南并提出完善碳权资产估值方法的对策性建议。

二、研究意义

现有的碳权资产评估方法主要有期权、期货定价模型，影子价格和成本模型。这些理论往往站在碳金融衍生品市场或企业自身的角度。目前，一些学者开始从资产评估的角度来思考碳权资产的价值，并在传统的三种评估方法的基础上探索相对有效的评估方法。我国碳权资产评估尚处于实践和探索阶段，尚未形成完整的评估体系。在现有的研究成果中，针对评估途径的具体实施方法屈指可数，评估方法在碳权资产估值中的运用亟须完善。本书将系统、全面地研究国内外碳权资产评估的相关文献，分析碳权资产的特点，探讨碳权资产的定义，研究国内外碳权交易市场的发展现状。同时，结合碳权资产的特殊性，介绍了资产评估的基本方法以及影子价格法和实物期权法的新兴方法。因此，从理论层面，本书对碳权资产估值方法的应用研究可以弥补碳权资产估值现有方法的不足，充实碳权资产估值方法论体系。通过建立碳权资产估值方法论体系，首先可以为碳权资产估值提供方法指导，修正估值模型，弥补现有方法不足之处，丰富资产评估方法的研究内容，规范全国碳权市场的交易价格；其次还可以拓展资产评估在碳权资产估值领域的方法范围，缩小国内外评估的理论差距，使国内碳市场与国际完美对接。本书将为碳权资产提供科学合理且具有可操作性的资产评估专业性估值方法，扩展资产评估方法的适用范围。

自 2017 年底全国碳排放交易体系正式启动以来，随着我国碳交易市场的不断发展完善和交易规模的不断扩大，碳权资产交易活动日益活跃。国家也出台政策，提出要稳步推进碳排放权交易市场机制的建设，有序探索运用碳期货等衍生品和业务。这更加突出了碳权资产的重要性及其发展潜力。通过本书的研究，首先能够为碳权资产价值评估提供适用于碳权资产估值的方法与模型，从评估学的专业角度，对碳权资产进行科学合理的估值，为企业提供实务操作借鉴和定价参考，为碳交易活动及其他经济行为提供科学的价值参考；其次，在公允价值会计准则指导下，能够将资产评估方法运用于碳权资产公允价值计量，以切实解决碳权资产的会计计量问题。

第四节　技术路线

本书的技术路线如图 1.1 所示。

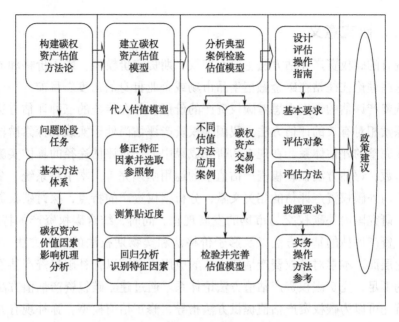

图1.1　本书逻辑框架

第二章

碳权资产及其交易市场现状分析

第一节 碳权资产概述

准确认识和理解作为评估对象的资产，是评估过程中必不可少的极为重要的环节之一。碳权资产作为一种适应经济形势而产生的新型资产，其概念、特征、类型等内在属性都需要进行界定和研究。

一、碳权资产概念

碳权资产与传统意义上的资产相比，其特殊性十分显著，因此目前还没有一个被普遍接受的概念。而通过对相关文献的阅读，笔者从以下几个方面对碳权资产的概念进行了梳理和阐述，如表2.1所示。

表2.1 不同角度的碳权资产定义

角 度	碳权资产定义
会计学	产生于相关制度背景下且被企业拥有或控制的一种环境资源
经济学	在低碳经济领域中，与碳减排相关的整个系统都具备一定价值的有形和无形资产的统称
广义与狭义	区别在于是否包含有形碳权资产
宏观层面	碳权资产是由碳吸收和碳排放权处理温室气体而产生的一系列有价值的活动
微观层面	碳权资产是指特定主体拥有或控制的，不具有实物形态，能持续发挥作用且能带来经济效益的资源，是碳交易市场的客体

总体来讲，我们可以把碳权资产分成广义的碳权资产和狭义的碳权资产。

广义的碳权资产是一种具有价值属性的资产。它反映或隐藏了低碳经济领域中可能适合存储、流通或财富转化的所有有形和无形资产（北京环境交易所，2010）。这个案例小到企业，大到国家，甚至是全球。尽管全球碳资产在现实中很难计算，但它们在逻辑上是存在的。从碳权资产的定义来看，新型无形碳权资产的价值不仅包括现有资产，还包括未来资产；它不仅包括碳排放权，还包括实施低碳战略所产生的所有附加值。

学术研究一般涉及狭义的碳权资产，即碳交易所交易的碳排放配额。在本书中，碳权即碳排放权，是指政府根据环境承载力水平和减排目标，以一定形式授予各排放主体企业的权利，允许二氧化碳等温室气体排放企业向环境排放定量温室气体（刘小小，2014）。碳排放权作为一种新型特殊资产，在本质上不仅是对环境这种稀缺资源的一种使用权，也是环境政策的一种产物。联合国政府气候变化委员会在 1992 年讨论并通过了《联合国气候变化框架公约》，《京都议定书》是该公约的附加协议，于 1997 年在日本京都签订。该协议建立了碳排放的市场机制。在这一机制下，二氧化碳排放将受到严格限制，碳排放权将作为商品进行交易，这为减少二氧化碳排放提供了新的思路和模式。碳交易的实质是通过引入市场机制来限制和约束企业减少温室气体排放，以达到保护环境的目的。通过引入碳交易机制，相关政府部门可以通过发放碳排放配额来约束排放企业。当企业的碳排放量低于政府下达的配额时，就会形成剩余配额，企业可以通过市场交易将配额转移给配额不足的企业。随着低碳绿色经济的日益发展，企业可以通过自身的节能减排形成更多的碳排放配额，可以在碳排放交易场所进行交易，给企业带来一定的经济效益，形成企业因减排效应而产生的回报，此回报不仅可以为企业带来收益，还可以为社会带来环境福利。由于环境容量和国家减排任务的限制，碳排放权已成为企业日常生产经营过程中不可或缺的条件因素，成为企业的资产，又称碳权资产。

二、碳权资产特征

（一）稀缺性

由资源的稀缺性可以看出，工业化的快速发展加剧了环境资源的消耗。与经济发展的强劲需求相比，一系列有力有效的减排措施使得具有减排效果的碳权资产稀缺。稀缺资源理论认为，稀缺资源具有交换价值。随着世界各国对环境问题和对二氧化碳等温室气体排放的日益重视，碳排放权作为环境稀缺资源的使用权，其稀缺性逐渐显现，其交换价值也越来越为社会所接受。碳权资产的价值可以通过两种方式反映出来。一是直接方式。随着碳交易机制的不断完善和交易活动的日益频繁，碳权资产可以在市场上进行交易，获得相应的经济利益。目前，这种方法在世界范围内得到了很大的发展。二是间接方式，即在生产经营过程中通过消费间接带来经济效益。在特定的制度下，碳权资产将成为企业正常生产经营的必要条件，并与企业的厂房、设备、原材料等其他资源共同发挥作用，为企业带来效益。碳权资产具有的这一特性可能会导致碳权资产的价格受到政府相关气候环境政策、气候变化等因素的影响。

（二）消耗性

在碳权资产的使用过程中，随着生产和交易活动的进行，碳权资产不断被消耗。配额碳排放权、碳减排量等碳权资产随着温室气体的排放而持续使用，剩余和短缺的碳权资产则由持有或有权使用的企业在交易、转让后消耗。消费碳权资产有两种方式。一是直接消费，这是控股企业正常生产经营的必要条件。与企业的厂房、设备、原材料等其他资源共同发挥作用，直接消耗给控股企业带来效益。二是间接消费，即碳权资产在市场交易后被购买者消费。正因为其消耗性，且对环境承载力有较大的影响，才具备了交易活动的前提，同时也体现了其稀缺性。

（三）投资性

碳权资产具有投资性特征。在进行活性炭交易时，投资者可以通过交易碳权资产获得相应的投资收益，这使得碳权资产具有与某些金融产品相同的特征。目前，西方国家的碳交易市场相对成熟活跃，交易机制相对完善。一些碳权资产的投资交易可以在碳交易市场进行，并有相对成熟、完善、合理的定价机制。比如，美国在其物权法中明确赋予碳权资产与金融衍生品同等的地位，同时，碳权资产可以以证券的形式存放在银行。现阶段，我国先后在北京、上海、深圳等7个地区建立了环境交易所，并在天津设立了碳排放交易中心，正在积极推动完善全国碳排放交易市场。由此，在我国，碳权资产的投资性逐渐显现。

（四）可透支性

可透支性是由碳权资产的消耗与主管部门对二氧化碳等温室气体排放量的计量之间的时间差造成的。同时，由于碳权资产具有投资性的特点，透支在制度上也具有合理性。具体来说，在有活性炭交易市场的情况下，由于企业在生产经营过程中消耗碳权资产与主管部门对二氧化碳等温室气体排放量的检测和计量存在时间差，企业可以在这段时间内使用碳权资产，利用碳权资产的投资弥补碳权资产的透支和过度使用，这是一种合理的企业行为。可透支性是碳权资产区别于其他传统资产的一个重要特征。

（五）政策性

碳权资产作为一种环境政策的产物，具有明显的政策导向性。各政府主管部门直接参与到碳排放权配额的派发过程，限定了碳权资产的数额，规范了碳权资产的交易。主管部门制定的减排目标、减排总量控制及相关政策将对碳权资产价格产生较大影响。比如，"十四五"期间，国家要启动二氧化碳排放调峰行动，加快国家碳排放交易市场建设，这必然会在一定程度上影响国内碳权市场。因此，政策的不确定性可能会导致碳权资产的价格发生变化。

（六）不可预期性

由于碳权资产的特殊性，它不能给控股企业带来固定或可预见的经济效益。碳权资产带来的好处是分阶段的。因此，碳权资产未来给控股企业带来的预期收益是不确定的。

此外，碳权资产不同于传统意义上资产评估中的其他待评估资产。与机器设备等有形资产相比，它们是虚拟的。土地使用权与其他无形资产也有一定的区别。尽管二者总量有限，但土地使用权并不像碳权资产那样有单独的交易市场，也不存在抵消机制。事实上，碳排放权是有期限的。企业取得并清偿相应数额后，该项权利即消失，土地使用权不随土地的使用而消失（除非达到使用年限）。最后，两者在获取渠道上也存在差异。

三、碳权资产的分类

由于受到碳排放的约束，企业只能不断地进行结构优化，为了降低成本进行减排，同时促进可再生能源的开发，促进可持续发展。在此过程中，在企业内部便产生了一系列无形资产。碳配额是指企业通过政府分配获得，运用技术创新、有效管理降低排放量实现的能够在碳交易市场直接交易的排放额度。碳权资产包括额度类碳无形资产以及经济主体体现或者潜藏的所有在低碳领域有低碳贡献的无形资产。由于碳排放权的存在，涌现出大量的低碳技术和低碳设备，主要通过间接方式在生产经营过程中降低排放量形成碳排放权的贡献，主要有技术类碳无形资产、人力资源类碳无形资产、管理类碳无形资产。

（一）碳排放权

碳排放权是指企业从政府获得的向大气排放污染物的权利，是能够在碳交易市场上交易的碳配额，具有一定的法律、财务和经济属性。其主要表现在法律特性及经济特性。法律特性是交易的根本基础，是规范碳排放权交易的保障。经济特性是指其有可转让的权利和一定的交易领域。碳交易实际上包括碳排放数据报告、第三方核查、配额分配、买卖交易和履约清算五个过程。这一过程在企业的商业周期中不断循环。每年，政府将根据各排放单位的碳排放报告结果和核查报告结果，结合配额审批方式和减排目标，确定下一年度的碳排放配额总量，然后下达碳排放配额。企业从政府获得碳排放配额后，可以组织生产活动，将未使用的配额在碳排放交易市场进行交易，以获取经济效益。因此，越来越多拥有配额的企业把碳排放权作为一项无形资产确认入账，该项无形资产也是企业碳权资产的主要来源。

（二）技术类碳无形资产

技术类碳无形资产是指电力企业为实现减排目标，能够减少能源消耗或减少污染物排放的技术。在电力生产过程中，需要大量使用煤炭等能源，然而在电力输送过程中，线路损耗严重，使得煤炭资源的利用率特别低。降低线路减损率，不仅能够为企业节约能源消耗，降低成本，同时还能减少污染物的排放，对实现减排目标十分有意义。对此，电力企业在输电线路上进行技术创新，通过改造迂回结构、平衡变压器和装设无功补偿装置等技术来降低减损，大大提高了传输效率。此外，为从根源上减少污染物排放，一些发电企业使用等离子点火技术和微油点火技术、变频技术、脱硫技术、燃煤技术对生产过程进行改进，在降低排放量上也卓有成效。本书将此类减排的技术归类为技术类碳无形资产。

（三）人力资源类碳无形资产

人力资源类碳无形资产是指对低碳发展有价值的技术人员、管理人员以及研发团队、机构组织。人力资源作为企业的第一资源，一直为低碳发展提供人力支持。电力行业发展离不开能源的消耗，面对国家减排政策的压力，企业必须进行转型适应发展。例如，开发可再生能源来替代煤炭资源离不开低碳研发团队，技术人员把低碳技术正确地应用到生产经营活动中是至关重要的一步，组织和开展低碳活动离不开机构组织和管理人员的规划。因此，此类人力资源能够在企业的具体经济活动和生产过程中实现低碳发展价值。

（四）管理类碳无形资产

管理类碳无形资产主要包括低碳管理制度和低碳管理能力。低碳管理制度包括一些具体的节能减排的规章制度、准则。低碳管理制度的缺失，意味着任何节能减排的活动都没有标准和规范来衡量。企业低碳管理能力是指在企业内部宣传绿色低碳文化，把低碳融入企业的经营指导思想、战略部署和营销策略中去。低碳意识形成的过程是缓慢的、循序渐进的，但是低碳理念被接受后，就能持续为企业带来收益。

结合国内外碳权资产相关研究，以及国内外碳权交易市场的发展状况，本书依据不同分类标准，对碳权资产进行了以下分类，如表2.2所示。

表 2.2　碳权资产分类

分类依据	碳权资产分类
产生来源	基于配额的碳权资产、基于项目的碳权资产
存在形态	有形碳权资产、无形碳权资产
金融性	金融性碳权资产、非金融性碳权资产
变现或耗用期限长短	流动碳权资产、固定碳权资产
资产价值来源	单一价值碳权资产、多种价值碳权资产

第二节　碳权资产交易市场现状分析

一、国内外碳权资产交易市场简介

目前，以"碳减排"为商品的国际碳排放交易市场已经形成。随着世界碳交易量的增加，许多主要贸易国将逐步建立碳排放权交易制度。根据国际碳行动伙伴组织（International Carbon Action Partnership）《2020 年全球碳市场进展报告》（*Global Carbon Market Progress Report* 2020），全球共有 21 个碳排放体系在运行，另有 22 个体系正在建设和讨论中，有 29 个不同级别的管辖区，包括 1 个超国家机构、5 个国家、16 个省州以及 7 个城市。这 21 个碳排放体系包括区域温室气体倡议、欧盟碳排放交易系统、西部气候倡议（Western Climate Initiative）、中国贸易试点、东京、埼玉、马萨诸塞等。在国外碳交易市场，韩国和日本的配额是免费分配的，区域温室气体倡议的排放配额分配方案采用拍卖方式，欧盟碳排放交易系统、瑞士和西部气候倡议等其他交易体系混合使用，如表 2.3 所示。

表 2.3　国际主要碳权资产交易市场及交易产品

所在地区	交易所名称	主要交易产品
欧洲	欧洲气候交易所（European Climate Exchange，ECX）	EU ETS 下最主要的期货市场，主要包括 EUAs 与 CERs 期货
	欧洲能源交易所（European Energy Exchange，EEX）	EUAs 与 CERs 现货及期货
	BlueNext Exchange	EU ETS 下最大的 EUAs 现货市场，主要有 EUAs 与 CERs 现货及期货

续表

所在地区	交易所名称	主要交易产品
欧洲	北欧电力交易所（Nordic Power Exchange，Nord Pool）	交易 EUAs、CERs 现货与期货，但成交量较小
	奥地利能源交易所（Energy Exchange Austria，EXAA）	交易产品为 EUAs 现货，但是每个星期仅仅交易一次
	Climax	EUAs、CERs 现货
美国	芝加哥气候交易所（Chicago Climate Exchange，CCX）	北美规模最大的碳交易市场，将《京都议定书》所涵盖的六种温室气体转换为 CFI（碳金融工具）进行交易
	芝加哥气候期货交易所（Chicago Climate Futures Exchange，CCFE）	EUAs、CERs、CFI 以及二氧化硫、氮氧化物排放权
	绿色交易所（Green Exchange）	EUAs、CERs、二氧化硫期货以及 NO_x 排放权期货
其他地区	澳大利亚气候交易所（Australian Climate Exchange，ACX）	VERs（自愿减排额）与 NSW 减量权证 NGACs
	亚洲碳交易所（Asia Carbon Exchange）	CERs 拍卖市场

目前，全球碳权资产交易市场可分为两类，一类是项目交易市场，另一类是配额交易市场。在项目交易市场中，主要有两种交易模式：联合履约机制（Joint Implementation，JI）和清洁发展机制（CDM）。发达国家的企业通过购买其他减排项目，抵消生产经营过程中的二氧化碳排放，实现减排目标。以 JI 形式减少的排放量称为减排单位（Emission Reduction Units），以 CDM 形式减少的排放量称为核证减排量。两种交易模式的区别在于，JI 是发达国家之间的交易与合作方式，CDM 是发达国家与发展中国家之间的交易与合作方式（虞锡君，2009）。配额交易市场又可分为强制减排碳交易市场和自愿减排碳交易市场两大类。一个国家或地区根据自身环境容量和所有参与二氧化碳等温室气体减排企业的具体排放情况，结合减排目标，确定一定时期内的碳排放总量，然后采取一定的方式将碳配额分配给每个企业，每个企业在配额内进行二氧化碳排放，如果企业的二氧化碳排放在一定时间内超过配额，企业需要向其他企业购买碳配额，而拥有剩余碳排放权的企业可以将其出售，以获得相应的经济利

益。政府有关部门将对参与减排企业的排放情况进行监督。政府可以通过不断减少每个时期允许的二氧化碳排放总量来实现减排目标。因此，国家强制性减排指标配置产生的市场是强制减排碳交易市场。根据《京都议定书》，国际碳权资产交易市场是强制减排碳交易市场，它包括两个层面：一是碳权资产的初级市场，主要参与者是相关政府部门和减排企业，进行碳权资产的初始配置；二是碳权资产二级市场，主要参与者是减排企业、各类机构投资者和个人投资者，从事碳权资产交易。签署《京都议定书》的缔约方需要按照减排目标开展减排活动和碳权资产交易。例如，EU ETS 是一个强制减排碳交易市场。除了强制减排外，一些组织还通过内部协议对二氧化碳等温室气体的排放进行监管，自愿采取各种减排措施，购买减排信贷抵消二氧化碳等温室气体的排放，达到协议要求。在此基础上，建立自愿减排碳交易市场，交易产品为自愿减排信用（VER）。与强制减排碳交易市场相比，自愿减排碳交易市场的交易规模较小。芝加哥气候交易所就属于自愿减排碳交易市场。图 2.1 展示了碳排放权交易市场的分类。

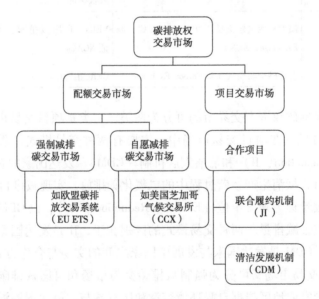

图 2.1　碳排放权交易市场分类

　　EU ETS 是全球首个碳市场。目前，EU ETS 是世界上规模最大、实践较为成熟的碳排放交易制度。据统计，2015 年全球约 80% 的碳交易发生在欧盟碳市场。2005 年 1 月 EU ETS 正式启动，这是世界上第一个国际碳排放交易体系。它包括所有欧盟成员国，非欧盟成员国可以自愿申请加入该体系。欧盟的大部分碳交易都是在金融交易所进行的。85%的交易是在伦敦的欧洲气候交易所进行的。其他主要交易在巴黎的 BlueNext 碳市场、德国莱比锡的欧洲能源交易所和挪威奥斯陆的 Nord Pool 交易所进行。欧盟委员会根据《京都议定书》为成员设定的减排目标和欧盟内部的碳减排分享协议，确定各成员国的二氧化碳排放总量，并通过国家分配计划确定每个成员国的二氧化碳排放上限，即欧盟成员国的数量。欧盟可以在每个成员国内部和成员国之间自由交易，以实现减排目标。EU ETS 的实施主要分为四个阶段，如表 2.4 所示。

表2.4 EU ETS 四个阶段

时　间	目　标	排放许可上限	分配方式
第一阶段 （2005—2007 年）	实验阶段，检验该体系的机制制度设计，建立基础设施和碳交易市场	每年 22.99 亿吨二氧化碳当量，各成员国提交国家分配计划，经欧盟委员会批准	95% 的配额免费发放，5% 的配额公开拍卖
第二阶段 （2008—2012 年）	履行《京都议定书》的减排目标，欧盟规定该阶段每年碳排放限额在 2005 年的水平上减少 6.5%	每年 20.81 亿吨二氧化碳当量，各成员国提交国家分配计划，经欧盟委员会批准	90% 的配额免费发放，10% 的配额公开拍卖
第三阶段 （2013—2020 年）	2020 年碳排放量比 2005 年降低 21%	2013 年为 20.39 亿吨二氧化碳当量，此后每年下降 1.74%，2020 年变为 17.2 亿吨二氧化碳当量，取消国家分配计划，由欧盟委员会确定碳排放总量	超过 50% 的配额采用公开拍卖形式发放，2020 年达到 70%
第四阶段 （2021—2030 年）	2030 年碳排放量比 2005 年降低 43%	排放配额总量的年线性削减因子从目前的 1.75% 提高到 2.2%，增加 0.45 个百分点	2019 年到 2023 年，24% 的剩余配额将放入 MSR 中（第四阶段的正常比例为 12%），2023 年后 MSR 中超过上一年度拍卖数量的配额将会失效

资料来源：齐绍洲，王薇. 欧盟碳排放权交易体系第三阶段改革对碳价格的影响［J］. 环境经济研究，2020，5 (1)：1 - 20.

作为新兴经济体的典型代表，经过33年两位数的经济高速增长，中国已成为全球最大的二氧化碳排放国，也是严重大范围雾霾天气的最大受害者。中国提出2020年单位国内生产总值二氧化碳排放量比2005年下降40%—45%（黄飞鸿，2011）。我国碳权资产交易具有巨大的市场潜力，"十二五"规划明确提出要建立全国性的碳权资产交易市场，积极推动依靠市场调节应对气候变化。在此背景下，我国在各地建立了相关的专门碳权资产交易市场。2011年10月，国家发改委批准北京、天津、上海、重庆、湖北、广东、深圳等7个省市开展碳权资产交易试点工作，并将试点阶段定位在2013年至2015年。到目前为止，这七个试点项目已经完成了三个或四个性能周期，为未来国家碳权交易市场体系的全面建立奠定了坚实的基础，为制定中国的减排政策提供了信息。表2.5列出了我国主要的环境交易所。表2.6列出了2017—2018年碳交易试点政策要点。

表2.5　我国主要的环境交易所

成立时间	交易所名称	所在地
2008年8月	北京环境交易所	北京
2008年8月	上海环境能源交易所	上海
2008年9月	天津排放权交易所	天津
2009年3月	湖北环境资源交易所	武汉
2009年6月	广州环境资源交易所	广州
2009年8月	昆明环境能源交易所	昆明
2010年2月	河北环境能源交易所	石家庄
2010年6月	大连环境交易所	大连
2010年8月	贵阳环境能源交易所	贵阳

表2.6　2017—2018年碳交易试点政策要点

试点	政策要点
深圳	2017年5月，国内最大单笔碳排放配额置换交易在深圳完成
北京	2017年共纳入943家重点排放单位，以及621家报告单位； 2017年发电行业配额分配由过去的历史强度法调整为基准线法
上海	2017年共纳入207家重点排放单位，比上年略有降低； 2017年配额总量1.56亿吨； 发电行业的配额分配基准线有所提高，更加接近国家分配方案

续表

试点	政策要点
广东	2017 年共纳入 296 家重点排放单位,比上年略有增加; 2017 年配额总量 4.22 亿吨; 发电行业资源综合利用机组的分配方法由历史总量法调整为历史强度法
天津	2017 年度碳排放履约截止日期为 2018 年 6 月 30 日
湖北	2017 年纳入门槛有所降低,共纳入 344 家重点排放单位,比上年略有增加; 2017 年配额总量 2.57 亿吨; 造纸行业的分配方法由历史总量法调整为历史强度法

　　我国碳权资产交易市场起步较晚,尚处于起步阶段,自身的调价机制和交易制度还不成熟。影响碳权资产交易的因素复杂,导致碳权资产价格波动较大。各试点省市碳权资产交易价格差异较大,交易规模和交易量差异较大,不利于碳权资产的交易活动。

　　从图 2.2 可以直观地看出,首先,对于同一地区,碳权资产的市场交易价格在不同的时间段波动较大。以广州碳排放权交易所碳 K 线为例,2014 年 1 月

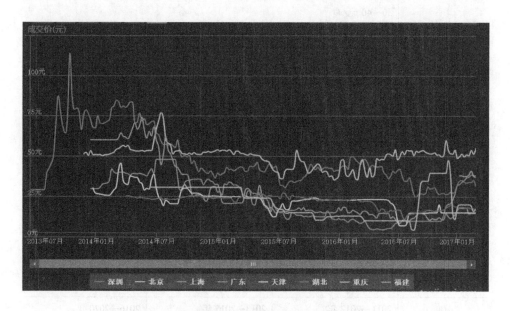

图 2.2　我国 8 个碳交易试点省市的碳 K 线

资料来源:中国碳排放交易网(www.tanpaifang.com)。

至 2015 年 1 月短短一年内，碳权资产市场交易价格从 60 多元/吨下降到 20 多元/吨。其次，同一时期，不同试点地区碳权资产的市场交易价格不统一，存在明显差异。例如，2014 年 1 月，根据碳 K 线，北京碳权资产的交易价格为每吨 50 元，上海为 30 元左右，深圳为 70 元以上，广东是 60 元。

根据中国碳排放交易网披露的数据，截至 2018 年 5 月底，一、二级市场累计交易量将相加。据了解，碳排放量达到 2.3 亿吨，营业额达 51.56 亿元。其中，湖北、广东成交量最高，其次是北京、上海、深圳，天津、重庆、福建成交量最低。

同样，根据信息披露不难发现，2017 年至 2018 年，各碳权交易试点配额价格保持稳定，如表 2.7 所示。

表 2.7　2017—2018 年各试点配额价格情况

试点	配额价格
深圳	30 元/吨左右 2017 年 6 月底完成履约，价格出现短暂下跌，后又稳步回升
北京	50 元/吨以上
上海	30—40 元/吨 2017 年 6 月底完成履约，价格出现短暂下跌，后又稳步回升
广东	价格平稳，10—20 元/吨
天津	交易活跃度低，10—15 元/吨
湖北	价格平稳，15 元/吨左右

资料来源：中国碳排放交易网。

由表 2.8 可知，目前我国已经度过第三阶段的碳权资产交易市场建设推进计划。根据 2020 年试点碳配额交易情况（见表 2.9）可以发现，无论从总成交量还是总成交额上来看，广东和湖北碳市场都遥遥领先于其他试点地区，市场交易较为活跃；北京、重庆、福建等试点地区的市场规模则较小。

表 2.8　我国碳权资产交易市场建设推进计划表

	第一阶段	第二阶段	第三阶段
时期	2011—2012 年	2013—2015 年	2016—2020 年
特点	设计试点	试点推广	全面建设

续表

	第一阶段	第二阶段	第三阶段
涵盖地区	试点地区	推广试点地区	全国各个地区
主要交易类型	项目交易	项目交易	配额交易
主要市场类型	自愿交易市场	自愿交易市场	强制交易市场
阶段目标	开展试点设计工作，初步建成自愿市场，完成全国碳交易市场建设的相关研究及准备工作	总体上建成自愿市场体系，初步建立全国统一的碳交易市场体系框架	逐步完成全国统一的碳权资产交易市场的建设工作，并与国际碳权资产交易市场接轨

表 2.9　2020 年试点碳配额交易情况

试点碳市场	总成交量（万吨）	总成交额（万元）	成交均价（元/吨）
深圳	124	2 464	20
上海	184	7 354	40
北京	104	9 507	92
广东	3 211	81 961	26
天津	574	14 865	26
湖北	1 428	39 557	28
重庆	16	348	21
福建	99	1 719	17

　　根据我国相应的国家政策，同时也为了促进试点更好地运作，政府借鉴国外先进经验，制定了以项目为基础的自愿减排交易机制，配合试点。减排企业可以在专门网站上交易自愿减排项目的碳减排。这类减排量被称为"核证自愿减排量"（CCER）。

　　根据国家发改委和中国碳排放交易网所披露的 CCER 项目相关数据，制定情况如表 2.10 所示。

表 2.10　CCER 项目数量

CCER 项目（累计）（2018 年 4 月 30 日前）	备案项目	获得减排量备案项目	获得减排量备案项目（公示）	备案减排量（合计）
2 871 个	1 047 个	287 个	254 个	5 283 万吨

根据已获得减排量备案且材料公示的 254 个项目，从项目类别上看，情况如表 2.11 所示。

表 2.11　CCER 项目类别

	第一类	第二类	第三类
项目数（个）	139	17	98
减排量（万吨）	1 890	372	3 031

从项目类型看，所包含的类型众多，具体情况如表 2.12 所示。

表 2.12　CCER 项目类型

	风电	水电	光伏	农村户用沼气	总和
项目数（个）	50	32	48	41	254
减排量（万吨）	1 246	1 342	274	629	5 294

图 2.3 直观展示了 2014—2017 年这四个履约期 CCER 成交量。由图可知，2015 年和 2016 年的成交量特别突出，而 2017 年远低于 2016 年。

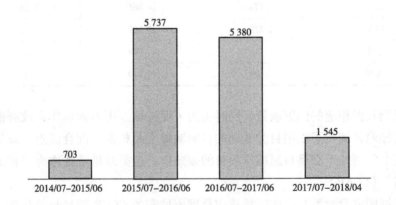

图 2.3　CCER 成交量（万吨）

最新数据显示，截至 2021 年 2 月 28 日，共公布了 2 871 个 CCER 项目。核准备案项目总数达到 1 104 个，已发行项目总数达到 358 个，已发行 CCER 7 300 多万吨。

2017 年为《巴黎协定》生效的第一年，全球碳交易市场有了很大的调整。加拿大安大略省碳交易系统和加州 - 魁北克系统之间建立了新的联系。许多其他主要的全球碳市场也进行了改革和新的立法，以扩大该体系的运作。同时，墨西哥、加拿大新斯科舍省、中国台湾、美国弗吉尼亚州等地区也在规划实施碳排放交易制度。据国家发改委消息，到 2017 年底，全国碳排放交易系统已正式启动。国家碳权交易市场发展规划明确，建设阶段也十分明确。我国碳权交易体系和碳权交易市场将不断发展完善，并逐步扩大范围。

二、国内外碳权资产交易流程分析

2002 年，为应对气候问题，欧盟批准了《京都议定书》，建立了欧盟碳排放交易系统。2016 年，170 个缔约方签署了《巴黎协定》，这是应对气候变化的第三部国际法。欧盟遵守《京都议定书》和《巴黎协定》的规定，实行强制性减排和碳排放交易。欧盟碳排放交易系统是一个强制性市场。但是，美国拒绝接受《京都议定书》和《巴黎协定》的规定，因此美国的交易制度是地方性的、自愿的，没有全国性的强制性交易市场。一些企事业单位通过独立的协议和法规，自愿作出减排承诺，形成了自发的碳交易市场。自 2011 年建立 7 个碳交易试点以来，我国已经开始了初步探索。2017 年底，我国开始启动碳排放交易市场。据国家发改委统计，全国统一碳市场将覆盖 20 亿—30 亿吨二氧化碳排放，此举将会积极推动企业低碳化转型以及《巴黎协定》的有效实施，更加凸显我国经济的转型与升级，与国际组织接轨，缓解环境压力。

碳排放过程包括碳排放数据报告、第三方核查、配额分配、买卖交易与履约清算五个环节。本章选择外贸市场规模较大、体系较为成熟的地区和国家——欧盟和美国，将上述五个步骤与国内市场进行比较。希望通过借鉴国外交易市场的一些经验，找出国内交易市场的不足，促进我国碳排放交易市场的健康发展。

（一）碳排放数据报告的对比

碳排放数据报告是碳排放过程中第一个也是最重要的部分。碳排放数据报告的质量将极大地影响减排目标的制定。2007 年达成的《巴黎行动计划》要求所有发达国家遵守监测、报告和核查的原则，这是碳交易市场顺利运行的基础。缔约方中的非发达国家应得到财政和技术支持。这一原则可以保证交易的公平性和透明度。温室气体排放的种类和数量是总量控制和配额分配的基础。只有准确的数据支撑，才能使减排目标的安排更加合理，因此这一步非常关键，也是最基本的一步。

1. 碳排放数据报告的对象

温室气体能够产生温室效应，常见的有二氧化碳、甲烷等气体。根据《京都议定书》，需要控制的温室气体有六种：二氧化碳、甲烷、氢氟碳化合物、全氟化碳、一氧化二氮和六氟化硫。其中二氧化碳的影响是最重要的，因此国际社会一般会将温室气体转化为二氧化碳。

欧盟碳排放交易系统是世界上第一个碳排放交易市场。系统的开发分为四个阶段。在第一阶段（2005—2007 年）和第二阶段（2008—2012 年），温室气体的核算范围仅为二氧化碳，但在第三阶段（2013—2020 年），增加了全氟化碳和一氧化二氮的排放限值。

芝加哥气候交易所是一个非强制性的温室气体交易系统。美国环境保护署于 2009 年 10 月启动温室气体报告制度，要求报告的温室气体应包括《京都议定书》规定的 6 种温室气体。

我国已经出台了《国家温室气体清单》，规定需要报告的气体种类包含二氧化碳、甲烷、一氧化二氮三种。

2. 排放统计范围

（1）欧盟排放统计范围。在欧盟碳交易市场上，行业分为两类，一类是排放量可测且纳入贸易行业的行业，另一类是排放量不可测且纳入非贸易行业的行业。欧盟的碳交易市场只适用于可交易行业。欧盟碳排放交易系统要求欧盟各国对不受《蒙特利尔议定书》约束的温室气体实施减排措施，并进行透明监管，公布减排预测和实际情况。在欧盟碳排放交易系统的第一阶段，只有二氧化碳排放受到控制，包括发电厂和采矿等大规模二氧化碳排放行业。从第二阶段开始，欧盟规定成员国可以申请将其他类型的温室气体纳入贸易机制。《欧盟 2007 年能源政策》规定，在第三阶段，欧盟碳排放交易系统将增加新类型的温室气体（如氮氧化物等），扩大全氟化碳等行业的覆盖范围，并将向石化、合成氨等传统化工行业扩展。

（2）美国排放统计范围。作为世界上最发达的国家之一，美国一直反对《京都议定书》，甚至退出《巴黎协定》。但美国也是世界上最早实施温室气体减排的国家之一。芝加哥气候交易所成立于 2003 年 6 月，是世界上第一个碳排放交易所。由于美国不在国家层面开展减排工作，因此其碳交易体系呈现区域化特征。实行"双轨制"，各州自行制定温室气体减排法案，主要分为强制性和自愿两类。例如，区域温室气体倡议体系下的电力生产行业，以及西部气候倡议下的发电和化工等排放量大的行业都是强制性的。而航空、交通等行业将履行自己的减排承诺和意愿。减排承诺虽然是一种自愿选择，但一旦做出，就具有强制性约束力（刘颖、黄冠宁，2018）。

（3）我国排放统计范围。我国7个碳交易试点分布广泛，涉及发电、化工等高耗能、高排放行业，其排放量占我国排放总量的很大比重。但这7个试点交易不仅包括高排放产业，还根据每个试点的实际情况，纳入了各自的特色产业，更加适合当地的情况。

北京环境交易所涉及的行业包括：2009—2011年年均直接和间接排放量在1万吨以上的企业和单位，如电力、化工、水泥等行业和服务业。它还包括自愿企业。2016年，覆盖范围修订为固定设施和移动设施，标准调整为总排放量在5 000吨/年以上的企业。

上海环境与能源交易所涵盖的行业包括：钢铁、化工、造纸、发电等工业行业以及2010—2011年任何一年直接和间接排放总量达到2万吨的其他企业；金融、航空、化工等非工业行业，铁路、酒店等，其直接和间接排放总量在2010—2011年任何一年都达到1万吨。

天津碳排放交易所涉及的行业包括：民用建筑和重点排放行业，如钢铁、电力、化工等，2009年以后任何一年二氧化碳排放总量达到2万吨以上的企业。

深圳碳排放权交易所涉及的行业包括：电力、企事业单位、大型公共建筑、国家建筑、工业企业、公共交通和自愿参与者。

广州碳排放权交易所涉及的行业有：第一批包括石化、钢铁、水泥、电力等行业。第二批包括陶瓷、塑料、纺织、餐饮、金融等行业。

湖北省碳排放交易中心涵盖化工、石油、电力、化纤、医药、造纸、冶金、汽车制造、食品饮料等行业。

重庆碳排放交易中心涵盖电力、有色金属、钢铁、化工、航空、建材以及2008—2012年任何一年二氧化碳排放总量超过2万吨的工业企业。

通过对碳排放数据报告的对比可以看出，我国报告的温室气体种类较少，不同地区的覆盖范围也不同，缺乏国家统一的监管要求。

（二）第三方核查的对比

第三方核查是具有核查权利的第三方机构通过一定的程序，对排放单位历史温室气体排放量进行客观的计量核查。

1. 欧盟第三方核查

在实施碳排放贸易政策的过程中，欧盟逐步完善了自身的管理体制和法律体系。出台的《关于建立欧盟温室气体排放配额交易制度的指令》和《温室气体排放和吨公里报告核查与核查机构认证规定》，适用于欧盟所有法律主体，具有较高的法律效力。欧盟为第三方认证机构提供认证认可标准，并提供法律支持。同时，发布了《航空工业验证指南》等14项准则，对验证机构的程序、实施细则、管理和认证等方面作出了详细规定。上述法律文件和准则共同构成了欧盟科学严谨的碳核查体系。

2. 美国第三方核查

美国的加州碳排放交易制度和区域温室气体行动是比较规模化的交易体系。区域温室气体行动是针对电力行业的区域性碳排放权交易机制，由于其各指标完善，数据准确且质量高，所以主管部门核查即可，无须设立第三方核查。但加州碳排放交易制度覆盖了多个行业，其核查制度也较为完善。

加州碳排放交易系统借鉴欧盟碳排放交易系统的经验，在原有法律的基础上，颁布了《加州温室气体排放总量及市场合规机制条例》和《温室气体强制报告条例》。《温室气体强制报告条例》明确了报告的一般要求、具体设施类型、具体设施类型供应商和实体的温室气体强制报告要求、数据缺失的处理方法、连续计量系统的实际运行模式、温室气体报告和核查要求（张丽欣等，2019），同时还规定了第三方验证的技术规范和验证机构的管理。加州没有出台14条类似欧盟发布的核查指南，但也在报告通用指南、排放数据报告指南等文件中提出了相关要求（国家发改委，2016）。

3. 我国第三方核查

在核查活动方面，国家发改委发布了《全国碳排放权交易第三方核查参考指南》和《排放监测计划审核和排放报告核查参考指南》；在核查机构和人员方面，国家发改委发布了《全国碳排放权交易第三方核查机构及人员参考条件》，各地发改委也对核查机构和人员提出了相应的管理要求（国家发改委，2017；郑爽、刘海燕，2017）。为了确保准确性，我国第三方核查机构要对企业出具的碳排放报告进行核查，并于4月30日前提交第三方核查报告。

我国"十二五"规划中提出了碳排放约束目标，现阶段，我国的监管工作才刚刚起步。在清洁发展机制领域，中国只能被动地接受国际规则，不能参与清洁发展机制领域规则的制定。我国碳市场尚未充分发展和完善，配额市场和自愿市场尚未完善，各交易试点独立运行。在此背景下，我国的碳排放核算和认证标准一直没有统一，如北京环境交易所的熊猫标准、两湖地区制定的区域标准等。但是，统一的标准将阻碍全国碳排放交易市场的健康发展。

（三）配额分配的对比

排放配额是指参与碳交易市场的企业或单位在规定内可合法排放的二氧化碳的限额。

1. 配额总量确定方式

（1）欧盟配额总量确定方式。建立欧盟碳排放交易系统的目标是减少碳排放。《京都议定书》中的承诺是减少碳排放总量。欧盟在此基础之上决定整体的减排量以及允许排放的二氧化碳配额。《京都议定书》附件 B 上的国家关于《联合国气候变化框架公约》的目标有了正式的规定。具体规定如下：2008—2012年，总排放量将比 1990 年减少 8% 以上，这对欧盟 15 国的碳排放目标起到了很好的约束作用。欧盟在 2002 年通过 2002/358/EC 决定时，还根据能源、产业结构和经济预期调整了 15 个成员国的减排目标。2007 年，欧盟提出了"20 - 20 - 20"的目标，这是一个非常严格的气候和能源目标，即"到 2020 年，温室气体排放量在 1990 年的基础上减少 20%，主要能源消费量在 2020 年预期的基础上减少 20%，可再生能源在欧盟能源消费中的比重提高 20%"。欧盟已经建立了两个体系：一是 EU ETS，被用来管理可以进行碳排放交易的行业，目标是使欧盟排放交易机制下的工业二氧化碳排放总量比 2005 年减少 21%；二是努力分享决策系统（ESD），该系统管理不参与碳排放交易的工业，目标是与 2005 年相比，工业二氧化碳排放总量减少 10%。可见，不同的监管框架下，减排压力会有所不同。欧盟表示，自 2019 年 1 月起，欧盟市场稳定保留机制每年将超额碳排放配额减少 24%。在 2023 年之前，每年的降幅将缩小到 12%。欧盟委员会在 2020 年还提出，将欧盟的碳排放额总额减少 50%，高于之前提出的 40%，可见在未来几年，碳配额会越来越紧张。

（2）美国配额总量确定方式。尽管美国不愿意加入《京都议定书》，接受强制性的国家温室气体排放限值，但美国许多州和地方政府在其管辖范围内实施了强制性的温室气体排放总量控制。这些区域性制度开始以引导国家行为为明确目标，在推动国家计划获得产业扶持方面取得了初步成效。

2005 年 12 月，特拉华州、康涅狄格州、纽约州、新罕布什尔州、新泽西州、缅因州和佛蒙特州同意设定全州二氧化碳排放限额，以符合区域温室气体倡议（Regional Greenhouse Gas Initiative，RGGI），随后马萨诸塞州加入。虽然 RGGI 成员的用电可以从非 RGGI 地区进口，但 RGGI 成员同意采取强制性的二氧化碳限制措施，因此 RGGI 地区的二氧化碳排放量可以维持在一定水平。RGGI 成员同意到 2014 年将其排放量稳定在 2009 年的水平，并从 2014 年到

2018 年每年逐步减少 2.5% 的排放量。到 2018 年，减排后的排放量将比正常经济条件下的排放水平减少约 35%（Faure & Peeters，2011）。中西部温室气体协议还宣布，2020 年将减排 20%，2050 年将减排 80%。

（3）我国配额总量确定方式。2005 年底我国宣布了减排目标：到 2020 年每单位 GDP 二氧化碳排放量比 2005 年下降 40%—50%。2014 年习近平发言表示，最迟在 2030 年，我国的碳排放总量可达到最大值。

"十二五"和"十三五"期间，我国分别出台了两个温室气体排放工作规划，每个时期的碳减排目标由每个规划确定。"十二五"期间，2015 年碳强度减排总体目标比 2010 年下降 17%，7 个碳排放试点目标分别为：广东（含深圳）碳强度降低 19.5%，天津、上海降低 19%，北京降低 18%，湖北、重庆降低 17%。"十三五"期间，全国碳强度降低的总体目标是 2020 年比 2015 年降低 18%，7 个碳排放试点的目标是：广东（含深圳）、北京、天津、上海降低 20.5%，重庆、湖北降低 19.5%。"十三五"期间也取得了显著成效，是我国生态环境发展最好的五年，我国碳排放量比 2015 年下降了 18.2%，碳强度比 2005 年降低了 48.1%，非化石能源占能源消费比重达到 15.3%，提前完成了中国向国际社会承诺的 2020 年下降 40%—45% 的目标。并且还明确了"十四五"的发展方向，我国要继续打好大气污染防治攻坚战，推动构建绿色低碳循环发展经济体系，解决"十三五"期间未解决的一些约束性指标，处理 PM 2.5（细颗粒物）与臭氧协同治理的难题。

2. 配额分配方式

一般来说，在交易制度建立初期，由于企业的减排技术不是特别发达，各国以自由分配为主，少部分配额是有偿分配。自由分配一般有两种方式：历史法（也称为"祖父法"）和基准法。顾名思义，历史法是根据参与单位上一年的排放水平来确定碳配额，适用于生产工艺和产品复杂的行业。基准法是根据行业基准排放强度确定二氧化碳排放配额，适用于生产工艺和产品规模化、标准化的行业。有偿分配一般包括公开拍卖和政府定价两种方式。碳排放权公开拍卖是指利用市场机制在不同主体之间有效分配碳排放配额。定价销售是政府主导定价的一种方式，政府在市场上调节碳排放配额的销售价格。

（1）欧盟配额分配方式。2003 年，欧盟通过了 2003/87/EC 指令，规定了具体配额额度、行业覆盖范围、分配方式等，为欧盟碳排放交易系统的顺利运行打下了良好的基础。在欧盟碳排放交易系统的第一阶段和第二阶段，各国分别制定分配方案，报欧盟批准，并将其加总到欧盟总配额中，然后按各自的方式进行分配。在前两个阶段，配额的 95% 和 90% 分别免费分配，其余部分通过拍卖方式分配。2009/29/EC 法案通过后，欧盟碳排放交易系统更好地体现了其作用。该法案对之前的法案进行了修订和加强，将体系延续到了第三阶段和第四阶段。第三阶段废除祖父法，改为拍卖法，拍卖比例从 40% 开始逐年增加。至 2020 年免费配额占比 30%，2027 年全面取消免费配额，达到 100% 有偿拍卖（洪鸳消，2018）。

（2）美国配额分配方式。美国不同地区采用的分配方式也不同。西部气候倡议中，在加州的碳交易体系下，自由分配和拍卖并存；计划在 2015—2020 年拍卖预算配额的 10%，但不同行业也有不同的分配，如按产量分配、按能源分配、按冶炼行业分配。美国东部的温室气体和美国东部的 RGGI 主要通过拍卖方式进行分配（孙丹、马晓明，2013）；超过 60% 的 RGGI 拍卖将用于提高能源效率，另外 10% 将用于清洁能源技术的开发和利用。芝加哥气候交易所根据交易所会员的具体情况进行分配，抵减数额通过其参加减排项目来获得，其有相应的碳金融工具合约，主要由交易指标和交易抵减数额构成（张妍、李玥，2018）。

（3）我国配额分配方式。在起步阶段，我国分配方式以免费配额为主，适时引入有偿分配，并逐步提高后者的比例。同时，主管部门将提前预留部分配额用于市场调节。有偿分配收入将用于国家节能减排等相关项目建设。

从当前的情况来看，我国各个试点在进行配额分配的时候都有自己的方式。北京碳交易所在 2013 年采取免费分配，在 2014 年以后采用免费分配和公开拍卖相结合的方式。主要分为既有设施配额分配方式和新增设施配额分配方式。对于既有设施，分配方式主要为祖父法和标杆法，其本身的分配方式具有一定的灵活性。天津碳交易所实施祖父分配法和标杆法相结合的分配制度，为了推进电力和热力行业自身技术的创新，减轻其排放压力，电力、热力碳配额的初始分配采取标杆分配法，而其他行业则采取祖父分配法。上海碳交易所和北京、天津碳交易所的分配方法相同，主要区别在于根据部门对各种方法的适用性进行了更加细化的划分。湖北碳交易所采用了祖父分配法和变通的标杆分配法，其中对于电力行业采用了两个步骤，第一步用祖父分配法，第二步是在增发碳配额时，使用标杆法。其缺点在于，未考虑基于历史排放量的分配方法，也未考虑为早期排放者分配配额，故其分配方法还需完善。深圳碳排放交易所虽然也使用了标杆法，但是其会根据不同的企业特征，制定不同的碳排放强度，从而不仅实现了行业间的公平竞争，也更加具有灵活性。广东碳交易所虽然也采用了祖父分配法和标杆法相结合的方法，但是没有对这两个方法进行行业细分，此外，其和湖北碳交易所有着相同的缺点。重庆碳交易所另辟蹊径，并没有采取传统的祖父法和杠杆法，而是采用了"分配基数＋配额调整"的全新思路，主要流程为申报、分配和调整。

（四）买卖交易的对比

1. 交易主体

（1）欧盟交易主体。欧盟碳排放交易系统的交易主体是排放单位的法人或实际控制人，包括自然人和法人。具体是指已加入《京都议定书》的发达国家和这些国家的企业、事业单位、非政府组织等经营实体，并应满足以下条件：排放指标的记录和计算符合规定；提交了最新的国家清单报告和关于清单报告变化的补充资料；有一个合格的国家评价体系。违反上述规定或未向秘书处登记的，丧失交易主体资格。

（2）美国交易主体。美国贸易实体是指自愿参与碳交易市场减排、不受强制性指标约束的组织或个人。以芝加哥气候交易所为例，芝加哥气候交易所实行会员制，即交易的所有参与者必须是芝加哥气候交易所的会员。交易主体有三种类型：直接排放、间接排放和金融运作。根据不同交易主体在碳排放交易市场中的地位、权利和义务，将交易主体分为会员、准会员、参与会员和交易参与者。

会员是温室气体直接排放量较大的实体，在每个阶段都有自己的减排义务。准会员指直接温室气体排放较少且可忽略不计的实体，如博物馆、医疗和服务机构、非政府组织等。准会员会做出间接减排的承诺，并会提供相关报告，由全美证券交易商协会审核。参与会员是指芝加哥气候交易所的抵消提供者、抵消汇总者和流动性提供者。抵销提供者是已登记抵销项目的所有者，并为其利益出售抵销交易。抵消汇总者是指为了抵消交易项目所有者的利益，对生产项目的抵消减排进行汇总的实体。流动性提供者指不是为了实现减排目标而进行交易所交易的实体或个人。对冲基金的本地交易员可以作为流动性提供者参与交易。交易参与者是实体或个人，交易参与者希望抵消与特定活动、会议、特别活动和商业活动有关的温室气体排放量的特定吨数。

（3）我国交易主体。目前，中国的碳交易主体包括交易会员/自营会员（主要是重点排放单位）和综合/经纪会员。中国的碳交易所是排放配额转让的有组织的场所。参与碳市场的交易主体不仅包括上述主体，还包括制定交易规则的市场组织者、负责结算业务的专业机构、负责配额转让管理和监督的核查机构等，以及专业的中介服务机构。这些经济主体按照严格的交易规则和程序，通过碳市场的交易活动，自发调整配额余额，在总量控制和减排的背景下，追求自身经济利益的最大化。

2. 交易客体形式

欧盟、美国与我国的碳交易客体形式基本一致，包括碳配额、碳自愿减排量、CDM 项目核证减排量等，相继开展了碳金融创新，产生了碳期权、碳债券、碳基金等碳金融工具。我国碳资产交易市场尚处于起步阶段，尚不完善，各种碳金融工具的发展也受到一定的限制。2020 年 10 月 20 日，生态环境部、国家发展改革委、人民银行、银保监会和证监会五部门正式联合印发《关于促进应对气候变化投融资的指导意见》，提出了要加强碳金融产品的开发，建立碳金融投资基金。该基金的设立将改变目前减排项目资金缺乏的局面，同时也会对资本市场产生一定的引领作用，对于完善低碳项目开发以及碳权价格的获得具有重要的意义。

随着碳金融工具的多样化，我们可以使用更多的碳金融工具。就目前国内外碳市场的探索来看，涉及的碳金融工具主要是交易、融资、投资和保险工具。有三种交易工具，即远期交易、场外期权交易和期货交易。远期交易是指签订合同，约定在未来某一时间点以约定的价格进行交易。其特点是先付款后实物交割，这样企业就可以规避市场风险。但是，由于远期合约的长期性，远期交易存在一定的风险。场外期权交易是指买卖双方签订期权合同，期权多头在向空头投资者支付费用后，有权在未来某一日期以约定价格向空头投资者买卖一定数量的碳资产。碳期货交易在期货交易所进行，买卖双方通过签订合同，约定在未来某个时间、地点交付一定数量的碳资产。期货交易具有价值发现和套期保值功能，可以帮助企业降低操作风险。

最近几年，包括碳资产证券化、碳债券、碳排放配额回购等在内的融资类工具得到了迅猛发展。

碳资产证券化是指企业将相关低碳项目出售给金融机构，金融机构将其汇入资产池，然后利用其产生的现金流偿还其发行的相关证券。在证券化过程中，将具有未来现金流的非流动性碳资产集合起来，转化为可自由出售并在金融市场流通的有价证券。

碳债券是政府或企业向投资者发行的与减排单价相关的结构性投资产品，用于融资，并在约定期限内支付利息和本金。与证券化类似，碳债券是帮助企业融资、降低风险的较好方式。

碳配额质押融资是指以碳配额为质押物的碳交易市场创新融资手段，将向排放单位收取的碳排放配额质押给银行等金融机构，获得碳排放配额估值折价的融资额度，合同到期后返还本息。

碳排放配额回购是指企业出售碳排放配额，并约定在一定期限后按约定价格回购出售的碳排放配额，以获取短期融资。通过碳排放配额回购的方式，碳排放配额超额的企业可以获得短期融资，而购买者可以通过碳排放配额交易获得收益。

目前，我国碳交易市场的投资工具很少，主要是碳基金。碳基金与普通基金存在一些差异，主要表现在投资的选择上。既要考虑产量，又要根据温室气体减排效果选择投资对象。

主要的保险工具是碳交易保险和碳排放交易担保。在项目的初始阶段，风险可能很高，因为投资者可能对项目未来收益的预测过低，导致购买价格过低。从长远来看，会损害项目开发商的利益，降低其他项目开发商在市场上的积极性。因此，碳排放权交割担保的存在可以提高未来收益，降低投资者的风险（首都金融，2015）。

碳金融工具可以使参与者更加高效地管理碳资产，为其提供丰富的交易方式，提高碳市场流动性，为建设全国性的碳交易市场助力。我国碳交易市场上主要交易的金融工具有 CDM 远期交易、碳基金等，我国的制度和管理等还不完善，碳交易金融市场体系还存在缺陷。比如，我国试点地区的碳现货日交易量太小，导致流动性不足；由于政策影响，只能使用现货交易，所以对于碳期货缺少风险管理工具；由于各个试点地区的碳价差异较大，所以会产生价格信号不一致的情况。这些问题都在一定程度上制约着我国碳金融的发展，所以我国在国际市场上的地位不高，无法完全与国际市场接轨，从而缺少话语权和影响力。

（五）履约清算的对比

履约清算，顾名思义，是指排放控制企业按照碳排放管理法律法规的要求履行碳排放管理协议。具体来说，排放控制企业在规定的时间内，将与规定的碳排放周期相对应的当量配额（包括补充机制批准的减排量）交给政府碳排放管理部门，也可称为配额清算。

1. 欧盟履约清算

根据欧盟碳排放交易机制，排放主体通过自由分配获得的碳排放配额应在每个阶段之前确定。成员国必须确保每个企业都能如期上缴相当于上一年度排放总量的配额，即每年 4 月 30 日前，企业需要根据各国分配的碳排放配额计算一年的二氧化碳排放总量。结算后，将取消同等的碳配额。企业的碳排放配额不足以满足生产需要或者有盈余的，可以在碳交易市场进行交易，但第一阶段的配额不能延长到下一阶段。在同一阶段，企业获得的碳排放配额可以根据自身的生产能力和经营状况进行预售或预购，使各企业可以根据自身需要灵活配置碳排放配额，从而大大提高了企业履行合同的灵活性。另外，企业可以借钱，也就是可以提前使用明年的排放配额。第二阶段后，碳排放配额也允许在不同时期使用，以确保碳资产交易市场的健康发展。为了保证减排机制的良好运行，欧盟碳交易机制还配备了非常严格的惩罚机制。如果企业不履行合同，不提交碳排放配额，将被处以超额排放罚款。在第一阶段，罚款是每吨超过二氧化碳当量 40 欧元，而在第二阶段，罚款增加到每吨 100 欧元。企业需要在下一年支付上一年的超额排放量。

2. 美国履约清算

芝加哥气候交易所的结算平台用于处理交易活动的所有数据和信息，通过该结算系统可以判断企业是否履行了合同。但是，由于美国属于自愿减排市场，因此在 RGGI《碳排放交易示范规则》中，对未及时履行义务的企业的处罚更为重要，因为罚款的性质是补偿性的，而不是惩罚性的（史学瀛、杨博文，2018）。RGGI 也将其划分成阶段，即每三年为一个履约期，每个履约期也相互独立。

3. 我国履约清算

在《全国碳排放交易管理办法》出台之前，我国没有统一的处罚制度，都是由地方政府规定的。深圳和上海是最典型的代表。在深圳，企业未按时完成绩效任务或未按规定提交配额的，需限期缴纳超额排放配额。如果企业不愿意支付，管理部门将在其账户中强制扣缴。如果账户余额不足，下一年继续扣缴。公司将被列入信用记录，处以一定数额的罚款，并上报国有资产监督管理机构。在上海，企业存在逾期定额缴纳问题的，将纳入信用记录，处以 5 万—10 万元罚款，取消两年专项补助资金和三年内评比资格，新增固定资产投资项目评估报告或下一年度节能评估报告不予受理。北京和天津的处罚相对较轻。天津市的处罚只是限期改正，不享受相关配套政策，三年内不允许销售优先融资服务；北京只受到碳市场平均价格 3—5 倍的惩罚。广东省将按碳市场平均价格的 1—3 倍处罚差价，但最高处罚不得超过 15 万元；还建立违约黑名单，列入信用记录，并向国有资产监督管理机构报告，不得通过或接受省级节能减排项目申报和企业新增项目节能审查。重庆对不履行合同的企业，按上月碳市场平均价格的 3 倍处罚，3 年内不得享受财政补贴，3 年内不得参加评比。湖北省对不良企业的处罚为当年碳市场平均价格的 3 倍，上一年度未缴足部分的双倍份额从下一年度配额中扣除。福建省对不良企业的处罚是，在碳交易市场结算截止日前，处以当年市场平均价格 1—3 倍的罚款，但最高罚款金额为 3 万元。上一年度未缴足部分的双倍份额，从下一年度的定额中扣除。

《国家碳排放交易管理条例（送审稿）》规定，对未完成结算任务的企业，在结算截止日前处以上一年度配额市场平均价格 3—5 倍的罚款。逾期不缴纳的，每日加收罚款金额 3% 的罚款。此后，2018 年国家又公开发布了《碳排放权交易管理条例（征求意见稿）》，现已经进入征求意见阶段，并且其将作为全国统一碳市场以后监管的法律依据。在这项条例中，对于相关的处罚规则也发生了改变，如果未能达到履约目标，将会处以本年度碳排放均价的 2—5 倍的罚款，并添加了信用履约的方式，可见国家在碳排放政策方面还是保持收紧的态势。

第三章

碳权资产估值方法体系构建

第一节　碳权资产的估值方法

一、市场法

碳资产评估运用市场法的核心思想是：第一，在碳交易市场上选取最近达成交易的碳资产交易价格作为参照。第二，比较被评估碳资产与选定作为参照物的碳资产间的差异。第三，在参照物碳资产交易价格的基础上进行调整，确定被评估碳资产的价值。在使用市场法时要注意的是：首先，选取作为参照物的碳资产与被评估碳资产间的差异必须能在价值形态上量化；其次，选取作为参照物的碳资产所处的交易市场必须是一个公开活跃的市场。随着我国碳排放权交易市场的正式开启，市场法将在碳资产评估实务中得到更广泛的应用。

自 2012 年我国碳排放权交易试点工作正式启动，到 2017 年 12 月全国碳排放权交易市场开始建立，我国在碳交易市场化的进程中取得了较大突破。但我国目前碳资产交易市场仍然不够活跃，可参考交易案例数量有限，地方政府对碳资产交易管理存在差异，没有统一的规范，缺乏可比性。此外，碳资产之间存在差异性因素，如地域经济发展水平、行业能源消耗因素、国家政策因素等，难以在价值形态上量化，评估师的主观因素会对评估结果产生影响，导致评估结果存在较大误差，难以令人信服。虽然市场法在碳资产评估实务使用中依旧存在诸多问题，但相较于其他评估方法，市场法最能直接反映被评估资产的市场价格，同时也最能客观地反映被评估资产目前的市场状况。

二、成本法

碳资产评估运用成本法的核心思想有两个，即确定被估碳资产的重置成本和被估碳资产存在的各种贬值。由于碳资产不具有实物形态，所以碳资产的贬值主要为经济性贬值；将测算出的各种贬值从被估碳资产的重置成本中扣除，剩余的价值即为被估碳资产评估值。在使用成本法时，应注意以下几点：首先，成本法假设碳资产处于持续使用状态。其次，在对碳资产进行评估时，除碳资产的历史数据外，还应可靠地计量形成碳资产价值所需的成本。成本法虽然可以通过查阅历史资料来确认碳资产评估价值，但由于碳资产不具有实物形态、碳资产具有其他一般资产不具有的特殊性、对于碳资产的会计确认目前存在较大分歧等原因，成本法在碳资产评估中使用频率较低。

碳资产虽然可以取得相关历史资料，但部分企业获得的碳资产是由国家免费配给的，企业没有为取得碳资产投入相关必要耗费，这部分碳资产不符合使用成本法的基本假设条件，也就无法用成本法进行评估。此外，碳资产的重置成本的确认存在一定的争议，理论上更新重置成本较复原重置成本可以更好地考虑技术进步、市场环境等因素，能较为准确地反映按现时条件下重置碳资产的市场价值，但碳资产交易市场不够完善，差异较大，相关参考数据较少，使得碳资产的更新重置成本难以确认，而且碳资产的实体贬值、功能性贬值、经济贬值等都难以可靠计量。因此，成本法在碳资产评估实务中难以获得预期的评估结果。

三、收益法

碳资产评估运用收益法的核心思想是：第一，估算碳资产带来的未来预期收益。第二，对未来预期收益进行折现，进而确定被估碳资产评估值。在使用收益法时要注意的是：首先，被估碳资产的未来预期收益能够可靠预测，并能以货币的形式进行量化。其次，企业或碳资产所有者为了获得投资收益而承担的风险可以进行分析和计量，并可以货币化的形式进行量化。最后，利用估算的碳资产，可以预测企业获得未来收益的时间。收益法的优点是能够最准确地反映碳资产的价值，它已成为我国碳资产评估实践中采用的主要评估方法。

碳资产评估中应用收益法，主要难点在于如何准确计量碳资产的未来预期收益。碳资产的收益主要包括企业通过消耗碳资产，进行日常生产活动和出售碳资产。企业通过出售碳资产获得的收益计量起来相对简单，但企业在生产中通过碳资产获得的收益却难以准确计量。另外，碳资产预期收益期限的确定目前还没有达成一致的结论。总之，收益法计量了碳资产的未来价值，充分考虑了时间价值因素，容易被评估当事人双方接受，但由于碳资产的收益额、资本化率、预期收益期限都难以确定，其在碳资产评估实务中的应用存在一定的难度。

第二节　碳权资产交易定价方法

一、实物期权定价法

碳资产实物期权是在碳期货基础上产生的碳资产金融衍生产品。碳资产实物期权的特征包括：①碳资产实物期权的拥有者具有一种权利，即可以在标的资产所能带来的预期收益大于初始投资成本时，执行期权。在作为标的资产所能带来的预期收益小于初始投资成本时，放弃执行期权。②碳资产实物期权的未来收益具有不确定性，受各地经济发展水平、国家政策、地理环境等因素影响。③通常实物期权标的物为厂房、设备等有形资产，而碳资产实物期权的标的资产不具有实物形态。

虽然实物期权法在碳资产评估实务中少有涉及，但实物期权法相关的理论在碳资产评估实务中已被广泛应用。与传统的碳资产评估方法相比，碳资产实物期权方法能够评估在不确定因素影响下产生的价值，不受市场完善程度的限制，是对传统碳资产评估方法的补充与完善。目前实务期权定价模型主要包括B - S期权定价模型和二叉树定价模型。

二、期货定价模型

期货具有价格发现与套期保值功能。除此之外，期货价格对现货价格也具有一定的引导作用，期货价格还反映了市场交易者对未来现货价格的预期（刘宏，2011）。碳资产期货定价模型的理论基础是碳排放权的期货价格可以反映现货价格并具有预测作用，在碳资产期货价格基础上进行调整，进而确认碳资产的价格。碳资产期货价格的预测方法包括基本面分析和技术分析。

基本面分析是根据碳资产现货市场供需情况判断期货价格未来的价格走势。基本面分析考虑的主要因素包括经济因素、自然因素、政治因素等。

技术分析是通过价格走势图和相关指标分析价格的走势。技术分析的前提假设包括：第一，市场内所有影响价格的因素都能在价格中体现。第二，历史总会重演。第三，价格具有趋势。

期货定价模式的运用还需要以开放的活性炭期货交易市场为前提。碳期货定价模型是在传统的期货资产定价理论的基础上，结合碳期货资产的独特特点，形成相关的碳期货定价理论和方法。碳期货定价理论主要是基于持有成本理论，衍生出多种碳期货定价方法，包括连续时间定价理论、一般均衡定价方法和无套利区间定价理论（朱晓丹，2017）。相对欧美国家来说，我国碳期货交易市场还不够完善，仍需不断改良和修正期货定价模型。

三、远期交易定价模型

碳资产远期定价模型与碳资产期货定价模型的原理基本相同，碳资产远期同样能反映现货市场中碳资产的价值。二者的差别主要体现在远期和期货的交易机制不同。但碳资产期货与碳资产远期价格差别不大，在以无风险利率计算且到期日相同的情况下，理论上碳资产远期价格应该等于碳资产期货价格。实际交易中，碳资产远期价格和碳资产期货价格是存在差异的，价格差异取决于碳资产和利率之间的相关性。如果碳资产价格与利率正相关，则碳资产的期货价格将高于碳资产的远期价格。当碳资产价格上升时，碳期货价格通常提高，碳期货合约的买方就会得到收益，并可将获得的利润进行再投资。当碳资产价格下降时，碳资产期货合约的买方就会出现亏损，买方就必须补充保证金以避免被强行平仓。碳资产远期合约的买方不会受利率变化的影响，因此，碳资产期货买方较碳资产远期投资者更容易获利，碳资产期货价格一般高于碳资产远期价格。相反，当碳资产价格与利率负相关时，碳资产的远期价格通常高于碳资产的期货价格。碳资产远期价格与碳资产期货价格的差异还可以由合约交易成本、期限、流动性等因素决定。

四、影子价格模型

影子价格反映资源处于最优配置下的真正价值和稀缺程度。它是一种用线性方法计算并用来反映资源处于最优的使用状态下的价格。通常用微积分来描述影子价格，也就是说，每增加一个资源的单位数量，相应的目标函数就会得到一个新的最大值，新的最大值与目标函数的原始值之差与增加的资源量之比，就是目标函数一阶偏导数。用线性规划方法求解资源是否处于最优使用效率，就是在一定的总产出下，求出资源利用的最小价值，即资源的经济评价，即影子价格。这种影子价格反映了原材料、劳动力等资源投入的最优结果。关于影子价格的论述，国内外有着些许差异。国内一些学者认为，影子价格是在完全自由竞争市场条件下资源和产品间的供求均衡价格。国外一些学者认为，影子价格是没有市场价格的商品和服务的计算价格，它代表消费或生产商品的机会成本。另外，有学者认为，影子价格是社会福利增加时生产要素边际增加的结果。在碳资产评估中，影子价格模型通常用来确定碳资产交易价格，但由于其公式烦琐、计算复杂，在碳资产评估实务中并不常见。

五、蒙特卡洛模拟法

蒙特卡洛模拟法主要运用数理统计与概率论相关理论，对随机抽样产生的样本进行统计分析，并用统计分析方法得出的结果对实际问题进行分析。蒙特卡洛模拟法被广泛应用于金融资产定价等领域。蒙特卡洛模拟法通过对随机问题进行模拟仿真，在解决随机问题上具有其他分析方法所不具备的优越性。蒙特卡洛模拟法的应用步骤是：首先，建立概率模型或模拟随机过程来确定参数作为问题的解。其次，通过对模型的观测，计算出各参数的统计特性，得到解的近似值。通常用估计值的标准差来衡量解的精度。蒙特卡洛模拟方法中随机变量的维数与收敛速度无关。增加变量的维数会增加计算量，但不会影响分析的误差。这就解释了为什么蒙特卡洛模拟方法在处理多维问题时比其他方法更具适应性，并且可以解决各种类型的问题。

在使用蒙特卡洛模拟法对碳资产进行估值时要考虑碳资产的特殊性。首先，碳资产作为一种特殊的资产，虽然没有实物形态，但它不同于一般的无形资产。一般无形资产产生的收益通常与有形资产结合形成一个产品继续产生收益，而这个产品不能独立于项目产生现金流。但是碳资产所能带来的收益与企业项目是相对独立的，碳资产在项目中所起到的作用更像是生产所需的原材料，所以在对碳资产进行估值时不需要考虑分成收益率的问题。其次，碳资产估值过程中通常不再考虑初始投资，这是因为初始投资通常发生在项目实施过程中。此外，为了估算现金流量，评估人员需要对项目运营各年的收入和费用进行合理的预测。由于碳资产的收购成本是相对固定的，因此碳资产的成本和费用不难预测。但长期项目的不确定性会导致收益的确定相对复杂。

第三节　碳权资产计量方法

碳排放权作为一种特殊资产已经被学界广泛认同，并形成诸如碳资产、碳资产期货、碳资产远期等专有名词，但由于碳资产具有其他一般资产所不具有的特点，对于碳资产应归属于哪一类资产类型目前还存在争议。现行的主流观点认为碳资产应归属于存货、无形资产和金融工具中的一类。此外，碳资产有企业购买或政府免费发放等多种资源，因此对不同来源的碳资产的计量属性选择也存在分歧，主要分为四种观点：①历史成本，即对碳资产的价值用历史成本计量，对于免费取得的则按零成本计量。②公允价值，通过无偿和购买的方式获得的碳资产都应按公允价值计量。③动态估价，即采用特殊的方法或公式将碳排放的非货币计量转化为货币计量，进而确定碳资产的价值。④混合计量，即依据企业类型、行业特征等对碳资产进行分类对待。碳资产交易市场的完善程度和来源决定了碳资产计量属性的选择，因此混合计量被越来越多的学者和机构所采用。

目前，广州、深圳市场按照持有碳配额的不同目的进行确认：碳资产自用配额分类为无形资产，按历史成本计量。通过投资取得的份额计入金融资产，并以公允价值计量。为了简化碳资产的会计处理，不必为了将碳交易纳入报表而设置新的会计科目和报告项目。北京碳交易市场建议，所有配额应采用其他资产核算，与碳交易相关的损益应采用历史成本计量，计入其他业务收入和成本。2019 年，《碳排放权交易有关会计处理暂行规定》提出设立新的"碳排放权"主体，重点区分购买配额和自由配额，采取不同的会计处理方式。对于无偿分配获得的碳资产额度，不需要确认，只需确认购买的碳资产即可。初始取得按历史成本计量，后续以公允价值计量。

第四节　碳权资产评估方法应用的统计分析

一、调查样本描述性统计

本次调查将被访者分为四类：资产评估专业学生（占 49%）、资产评估实务从业人员（占 23%）、资产评估专业教师（占 16%）、其他人员（占 12%）。资产评估专业学生中本科生占 45%，研究生占 54%，博士生占 1%。资产评估教师执教时间 8 年以上占 59%，5—8 年占 9%，3—5 年占 20%，3 年以下占12%；其中 26% 参加过碳资产评估相关的学术研究。资产评估实务从业人员中工作时间 8 年以上占 41%，5—8 年占 13%，3—5 年占 12%，3 年以下占 34%；具有资产评估师资格证书的从业人员占整体的 54%。资产评估专业学生和其他人员中有 20% 了解碳资产，其中 7% 参与过碳资产的研究。

从图 3.1 不难看出，本次调查对象具有一定的知识水准，可理解问卷中存在的专业名词和问题。本次调查覆盖面较广，样本具有较强的代表性。

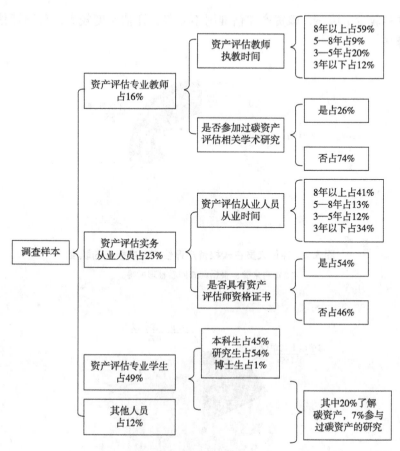

图3.1　样本描述

资料来源：根据调查问卷整理所得。

二、调查结果分析

（一）对碳资产的了解程度

图3.2反映了评估人员在碳权资产评估实务中担任的职位情况。大多数评估人员担任评估师。

图3.3反映了碳资产评估项目数量情况。82%的企业参与的碳资产评估项目在3单（含）以下。

企业参与碳资产评估项目较少主要有以下几个原因：第一，我国大部分碳配给由国家分配。第二，目前我国碳资产市场不够健全，碳资产交易数量有限、项目较少。第三，碳资产评估准则不完善，评估难度较大，普通评估公司难以胜任。

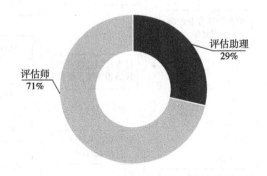

图 3.2　评估人员在碳权资产评估实务中担任的职位

资料来源：根据调查问卷整理所得。

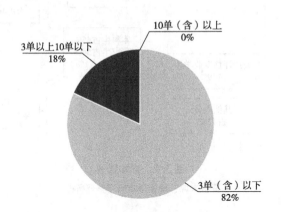

图 3.3　碳资产评估项目数量

资料来源：根据调查问卷整理所得。

（二）关于资产的属性

从图 3.4 中可以看出，大多数人认为碳资产属于无形资产的范畴，只有少数人认为碳资产属于存货或金融资产。其他资产评估从业人员提出，碳资产应为特许经营资产或实际资产权利；有学者认为碳权资产是一种权益性资产，是在碳约束下形成的具有一定权益的特殊资产；其他学生提出碳资产是金融选择或生物资产。

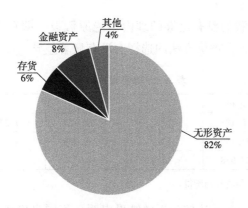

图 3.4　碳资产性质（种类界定）

资料来源：根据调查问卷整理所得。

（三）评估方法的选择

参与过碳资产评估的人员中，80% 以上采用的是收益法，可以看出收益法是评估碳资产的主流方法。

我们对应当使用什么方法进行评估的数据进行了统计学分析，并且给评估方法进行了编号，市场法记为 1，收益法记为 2，成本法记为 3，其他方法记为 4；给不同的身份类型也进行了编号，资产评估实务人员记为 1，资产评估专业教师记为 2，资产评估专业学生记为 3，其他人员记为 4；给不同的从业年限进行编号，3 年以下记为 1，3—5 年记为 2，5—8 年记为 3，8 年以上记为 4。

1. 方差分析

总体上，本书分析了不同身份的被调查者对评价方法的选择是否不同。首先进行方差齐性检验。

从表 3.1 可以看出，0.187 的显著性值大于 0.05 的显著性水平，即在显著性水平为 5% 的情况下，没有足够的理由拒绝原来四个被试之间方差相等的假设，这符合方差分析中方差相等的前提。

表 3.1　方差齐性检验

Levene 统计量	df1	df2	df3
1.881	3	12	0.187

资料来源：根据调查问卷整理所得。

由表 3.2 可知，组间和组内的平方和分别为 3 656.188 和 11 471.750；组间和组内方差分别为 1 218.729 和 955.979；F 值为 1.275；显著性值为 0.327，大于 0.05。因此，我们没有足够的理由拒绝原假设，即在 5% 显著性水平下，不同身份的被调查者在评价方法的选择上没有显著差异。

表 3.2　单因素方差分析

	平方和	df	均方	F	显著性
组间	3 656.188	3	1 218.729	1.275	0.327
组内	11 471.750	12	955.979		
总数	15 127.938	15			

资料来源：根据调查问卷整理所得。

如表 3.3 所示，多重比较分析的结果表明，不同身份的被调查者对碳资产评估方法的选择没有显著差异，即资产评估从业人员对碳资产评估方法的选择没有显著差异，参与问卷调查的资产评估教师、资产评估学生等人员（也就是说，专业背景水平不同）在评估方法的选择上没有太大差异。

表 3.3　多重比较

因变量：人数						
LSD						
(I) 身份	(J) 身份	均值差 (I−J)	标准误	显著性	95% 置信区间	
					下限	上限
1	2	11.500	21.863	0.608	−36.14	59.14
	3	−27.250	21.863	0.236	−74.89	20.39
	4	7.500	21.863	0.737	−40.14	55.14
2	1	−11.500	21.863	0.608	−59.14	36.14
	3	−38.750	21.863	0.102	−86.39	8.89
	4	−4.000	21.863	0.858	−51.64	43.64
3	1	27.250	21.863	0.236	−20.39	74.89
	2	38.750	21.863	0.102	−8.89	86.39
	4	34.750	21.863	0.138	−12.89	82.39
4	1	−7.500	21.863	0.737	−55.14	40.14
	2	4.000	21.863	0.858	−43.64	51.64
	3	−34.750	21.863	0.138	−82.39	12.89

资料来源：根据调查问卷整理所得。

2. 列联分析

接下来对选取的数据进行权变分析，检验不同从业年限的评估人员的碳资产方法选择是否存在差异。

从表3.4中可以看出，观测值与期望值的分布非常相似。因此，我们可以认为，不同的从业年限与方法的选择不存在相关性，二者是相互独立的，即不同的从业年限不影响碳资产评估方法的选择。

表3.4　从业年限、方法、身份交叉指标

身　份				方法				合计
				1	2	3	4	
1	从业年限	1	计数	11	6	1	9	27
			期望的计数	12.7	7.9	0.6	5.7	27.0
			从业年限中的百分比（%）	40.7	22.2	3.7	33.3	100.0
			方法中的百分比（%）	27.5	24.0	50.0	50.0	31.8
			总数的百分比（%）	12.9	7.1	1.2	10.6	31.8
		2	计数	4	3	0	4	11
			期望的计数	5.2	3.2	0.3	2.3	11.0
			从业年限中的百分比（%）	36.4	27.3	0.0	36.4	100.0
			方法中的百分比（%）	10.0	12.0	0.0	22.2	12.9
			总数的百分比（%）	4.7	3.5	0.0	4.7	12.9
		3	计数	7	2	0	2	11
			期望的计数	5.2	3.2	0.3	2.3	11.0
			从业年限中的百分比（%）	63.6	18.2	0.0	18.2	100.0
			方法中的百分比（%）	17.5	8.0	0.0	11.1	12.9
			总数的百分比（%）	8.2	2.4	0.0	2.4	12.9
		4	计数	18	14	1	3	36
			期望的计数	16.9	10.6	0.8	7.6	36.0
			从业年限中的百分比（%）	50.0	38.9	2.8	8.3	100.0
			方法中的百分比（%）	45.0	56.0	50.0	16.7	42.4
			总数的百分比（%）	21.2	16.5	1.2	3.5	42.4
	合计		计数	40	25	2	18	85
			期望的计数	40.0	25.0	2.0	18.0	85.0
			从业年限中的百分比（%）	47.1	29.4	2.4	21.2	100.0
			方法中的百分比（%）	100.0	100.0	100.0	100.0	100.0
			总数的百分比（%）	47.1	29.4	2.4	21.2	100.0

续表

身　份				方法				合计
				1	2	3	4	
2	从业年限	1	计数	1	5		1	7
			期望的计数	2.0	4.6		0.4	7.0
			从业年限中的百分比（%）	14.3	71.4		14.3	100.0
			方法中的百分比（%）	5.9	12.8		33.3	11.9
			总数的百分比（%）	1.7	8.5		1.7	11.9
		2	计数	2	10		0	12
			期望的计数	3.5	7.9		0.6	12.0
			从业年限中的百分比（%）	16.7	83.3		0.0	100.0
			方法中的百分比（%）	11.8	25.6		0.0	20.3
			总数的百分比（%）	3.4	16.9		0.0	20.3
		3	计数	1	4		0	5
			期望的计数	1.4	3.3		0.3	5.0
			从业年限中的百分比（%）	20.0	80.0		0.0	100.0
			方法中的百分比（%）	5.9	10.3		0.0	8.5
			总数的百分比（%）	1.7	6.8		0.0	8.5
		4	计数	13	20		2	35
			期望的计数	10.1	23.1		1.8	35.0
			从业年限中的百分比（%）	37.1	57.1		5.7	100.0
			方法中的百分比（%）	76.5	51.3		66.7	59.3
			总数的百分比（%）	22.0	33.9		3.4	59.3
	合计		计数	17	39		3	59
			期望的计数	17.0	39.0		3.0	59.0
			从业年限中的百分比（%）	28.8	66.1		5.1	100.0
			方法中的百分比（%）	100.0	100.0		100.0	100.0
			总数的百分比（%）	28.8	66.1		5.1	100.0

续表

身　份			方法				合计
			1	2	3	4	
合计	从业年限	1	计数	12	11	1	10	34
			期望的计数	13.5	15.1	0.5	5.0	34.0
			从业年限中的百分比（%）	35.3	32.4	2.9	29.4	100.0
			方法中的百分比（%）	21.1	17.2	50.0	47.6	23.6
			总数的百分比（%）	8.3	7.6	0.7	6.9	23.6
		2	计数	6	13	0	4	23
			期望的计数	9.1	10.2	0.3	3.4	23.0
			从业年限中的百分比（%）	26.1	56.5	0.0	17.4	100.0
			方法中的百分比（%）	10.5	20.3	0.0	19.0	16.0
			总数的百分比（%）	4.2	9.0	0.0	2.8	16.0
		3	计数	8	6	0	2	16
			期望的计数	6.3	7.1	0.3	2.3	16.0
			从业年限中的百分比（%）	50.0	37.5	0.0	12.5	100.0
			方法中的百分比（%）	14.0	9.4	0.0	9.5	11.1
			总数的百分比（%）	5.6	4.2	0.0	1.4	11.1
		4	计数	31	34	1	5	71
			期望的计数	28.1	31.6	1.0	10.4	71.0
			从业年限中的百分比（%）	43.7	47.9	1.4	7.0	100.0
			方法中的百分比（%）	54.4	53.1	50.0	23.8	49.3
			总数的百分比（%）	21.5	23.6	0.7	3.5	49.3
	合计		计数	57	64	2	21	144
			期望的计数	57.0	64.0	2.0	21.0	144.0
			从业年限中的百分比（%）	39.6	44.4	1.4	14.6	100.0
			方法中的百分比（%）	100.0	100.0	100.0	100.0	100.0
			总数的百分比（%）	39.6	44.4	1.4	14.6	100.0

资料来源：根据调查问卷整理所得。

　　卡方检验的输出结果（见表3.5）表明，从业者和教师的 Sig 值均大于
0.05。因此，在5%的显著性水平下，没有理由拒绝最初的假设，即两个

变量是独立的。也就是说，在两个专业水平相近的职业中，从业人员和教师的身份不同，碳资产评估方法的选择之间不存在相关性，它们是相互独立的。

表3.5 卡方检验

身份		值	df	渐进 Sig. （双侧）
1	Pearson 卡方	9.955[①]	9	0.354
	似然比	10.778	9	0.291
	线性和线性组合	5.099	1	0.024
	有效案例中的 N	85		
2	Pearson 卡方	5.302[②]	6	0.506
	似然比	5.921	6	0.432
	线性和线性组合	1.567	1	0.211
	有效案例中的 N	59		
合计	Pearson 卡方	13.388[③]	9	0.146
	似然比	13.432	9	0.144
	线性和线性组合	7.755	1	0.005
	有效案例中的 N	144		

资料来源：根据调查问卷整理所得。

①8 单元格（50.0%）的期望计数少于5。最小期望计数为0.26。

②9 单元格（75.0%）的期望计数少于5。最小期望计数为0.25。

③7 单元格（43.8%）的期望计数少于5。最小期望计数为0.22。

身份不同和从业年限不同都不影响对评估方法的选择，因此，上述数据排除了不同身份和工作年限对碳资产评估方法选择的影响。

3. 数据统计分析

从图3.5不难看出，大部分受访者认为应采用收益法，这与上述碳资产评估中收益法应用最多的现象是一致的；其次是市场法，相信只有少数人使用。虽然越来越多的人认为实物期权方法应该应用于学术研究，但很少有人认为实物期权方法可以应用于实际调查。同时，通过调查，从业人员认为应更多地采用收益法和市场法。一位实践者认为，碳资产的价值可以通过将维持碳权的成本与在碳权存续期间拥有和不拥有碳权的经济利益进行折现来获得。教师们认为，我们可以改进传统的三种方法，或者使用期权评估模型来评估碳资产。在被调查的学生中，大多数人认为应该用收入法来评价，少数人认为应该用市场法和成本法。另外，8名学生认为应使用期权法（B－S期权定价模型和二叉树模型）来评估碳资产。对于其他参与问卷调查的人，更多的人认为应该采用市场法进行评价，其次是收益法。

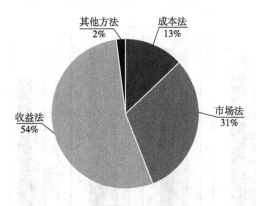

图3.5　评估方法的选择

资料来源：根据调查问卷整理所得。

（四）使用各方法时的调整事项

在运用市场法调整估值时，我们分析了地域经济水平（包括行业类型）、能源消费因素（主要包括煤炭、石油、天然气的消费价格和销售价格等）、企业减排成本因素（主要包括碳减排设备的投资和运行成本）、工业能耗因素（主要包括煤炭、石油、天然气的消费价格和销售量等）、国家政策因素（主要包括碳配额供给），发现能源消费是最重要的调整因素。多数实务人员认为，企业减排成本、行业能源消费和国家政策是需要调整的最重要因素，而地域经济水平则较少。对教师而言，首先是企业减排成本和地域经济水平，其次是国家政策和行业能源消费。在对学生的调查中，近90%的学生选择了地域经济水平因素，其次是工业能源消费和国家政策因素，75%的学生选择了企业减排成本因素。其他人员更多选择地域经济水平和行业能源消费的因素，其次是国家政策因素，最后是企业减排成本因素（如图3.6所示）。

本书给出了碳资产出售的直接收益、碳资产出售减少碳排放的治理成本、碳资产在市场上的交易成本以及碳资产交易对引导企业节能减排的积极作用四个因素。一般来说，被调查者选择前两个因素较多，碳资产在市场上的交易成本最小（见表3.6）。此外，还有其他因素，如实务人员认为有必要考虑单位购买碳权，因为购买碳权不仅可以增产，还可以获得超额收益。教师认为，还需要考虑不可估量的社会效益和环保税、碳税以及政府补贴。学生认为间接收入和损失也应该考虑在内。

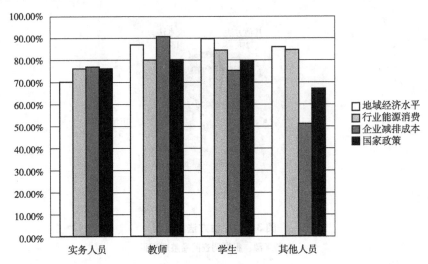

图3.6　市场法调整因素统计

资料来源：根据调查问卷整理所得。

表3.6　使用收益法考虑因素统计　　　　　　　　　　　单位：%

身份	企业出售碳资产获得的直接收益	出售企业为减少碳排放所付出的治理成本	碳资产在市场上的交易成本	碳资产交易引导企业节能减排的正效应	其他
实务人员	79.1	84.9	57.0	61.6	4.7
教师	83.1	81.4	61.0	71.2	11.9
学生	82.3	79.5	65.4	74.6	3.2
其他人员	67.4	80.4	60.9	60.9	4.4

资料来源：根据调查问卷整理所得。

　　在收益法折现率的确定方面，几乎所有人都认为无风险收益率、行业风险收益率和与碳资产相关的风险收益率是需要考虑的（见表3.7），一些教师认为波动性也是需要考虑的。

表 3.7　折现率的确认方法

身份	无风险收益率	行业风险收益率	与碳资产相关的风险收益率	其他
实务人员	76	65	81	1
教师	44	45	56	3
学生	138	140	169	3
其他人员	28	37	35	2

如图 3.7 所示，对于收益法的最后一个要素——收益期限，我们发现，大部分人都认为碳资产评估的期限应是有限的。

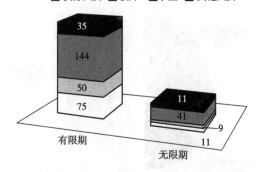

□实务人员　教师　学生　■其他人员

图 3.7　收益期限是否为有限期调查统计

资料来源：根据调查问卷整理所得。

在使用成本法进行评估时，我们通常使用重置成本法。我们调查了应该使用哪种重置成本。通过统计，我们发现大多数人同意使用更新重置成本，如图 3.8 所示。

除了重置成本，还有各种各样的贬值需要考虑。受访者认为，在碳资产评估中，经济性贬值是最重要的考虑因素，其次是功能性贬值，选择考虑实体性贬值的比例相对较小，如图 3.9 所示。

（五）实务操作中的难点

在碳资产评估实践难点的调查中，存在的问题主要是会计信息披露不完善、法律法规不健全、行业市场不活跃，以及从业人员对碳资产了解少、专业能力不足等，阻碍了碳资产评估的实践。从表 3.8 可以看出，这四个问题所占的比例都差不多，说明每个问题都有很大的阻碍。

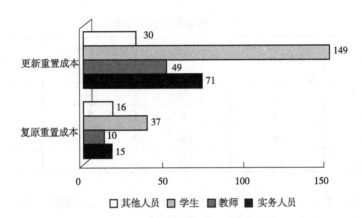

图 3.8　重置成本的选择

资料来源：根据调查问卷整理所得。

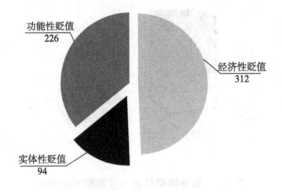

图 3.9　贬值的考虑

资料来源：根据调查问卷整理所得。

表 3.8　实务操作问题　　　　　　　　　　　　　　单位：人

身份	会计信息披露不完善	法律法规不健全	行业市场不活跃	从业人员对碳资产了解少、专业能力不足
实务人员	49	61	81	76
教师	45	40	47	48
学生	132	134	144	151
其他人员	29	31	31	31

资料来源：梁美健，耿沐忱，李飞祥. 碳资产评估方法的调查分析［J］. 经济师，2018（11）：23 - 27.

（六）碳资产评估应当完善的方面

受访者认为，应从制定规范、加强部门间信息互联、加大专业人才培养、加强国际先进经验学习等方面进行完善（如表3.9所示）。

表3.9　碳资产评估应完善的方面　　　　　　　　单位：人

身份	资产评估协会尽快制定碳资产评估相关规范	评估行业加强与环境部门以及有关部门的信息互通互联	加大对碳资产评估专业人才的培养	加强国际交流，学习国际上先进碳资产评估经验
实务人员	77	78	71	71
教师	52	50	43	49
学生	166	164	162	153
其他人员	40	38	36	33

资料来源：梁美健，耿沐忱，李飞祥. 碳资产评估方法的调查分析［J］. 经济师，2018（11）：23－27.

第四章

碳权资产价值影响因素的
实证分析

运用市场法评估碳权资产价值时，需要考虑到对其价值具有显著影响的因素，衡量被评估碳权资产与可比对象之间的差异，期望得到碳权资产的评估值。但是，碳权资产作为一种新型资产，与实物资产和其他类型的无形资产有很大的区别。不同国家、不同地区、不同企业、市场供求、交易制度和交易成本对碳权资产价值的影响程度不同，因此有必要对影响碳权资产价值的重要因素进行界定和分析。为了确定碳权资产市场法的特征因素，得到更科学合理的市场法评估值，应选择合适的可比交易案例，并对差异进行定量调整。

碳权资产作为一种特殊的交易对象，其价格具有政策性和波动性的特点。影响价格的因素比较复杂，容易受到经济环境、能源消费、气候变化、政策等因素的影响。根据经济学的相关理论，碳权资产的价格是其价值的反映。因此，从分析碳权资产价格的影响因素入手，在定性和实证分析的基础上，从专业的角度确定影响碳权资产价值的核心和重要因素，从而确定碳权资产市场化方法的特征因素，这是本章的思路和出发点。在运用市场法评估碳权资产价值时，建立一套科学合理的市场法修正体系尤为重要。由于碳权资产的特殊性，影响碳权资产价值的因素各不相同，因此提取最重要的因素作为选择交易案例的量化依据。本章的研究目的是使国内外碳权交易的数据成为可供我国借鉴的数据，使市场法的估值更加科学合理。

第一节　碳权资产价值的影响因素

根据经济学的相关理论，价格是价值的反映，价格围绕价值而波动。因此，碳权资产的价格是其价值的体现和反映。本章旨在研究碳权资产价值的影响因素，进而确定碳权资产的市场规律特征。经过文献分析，碳权资产作为一种新型的特殊资产，有其特殊性。碳权资产交易价格波动性大，影响其价格的因素复杂，容易受到经济环境、政策等因素的影响。因此，本节从宏观因素、环境因素和政策因素三个方面对碳权资产价格的影响因素进行定性分析，为后续的实证分析和市场规律特征因素的确定奠定基础。

一、宏观因素

（一）经济发展水平及趋势

经济发展水平直接影响社会需求，进而影响碳权资产的市场交易价格，也影响碳权资产价值的评估。在经济发展水平较高的地区，企业生产经营活跃，生产投资规模较大,二氧化碳等温室气体排放量较大。而且,经济越发达,环保力度越大,对碳权资产的需求也就越大,经济发展水平高的地区碳权资产的市场交易价格高于经济发展水平低的地区。

当全球经济形势向好时,各种产品的生产和贸易十分活跃,企业的生产规模和投资规模也随之增加。此时,企业对碳排放权的需求也随之增加。在供给弹性不足的情况下,碳权资产的交易价格上升。当全球经济形势不景气时,企业的生产规模和投资规模将缩小,生产经营活动将停滞不前,这必然导致二氧化碳等温室气体的减排。此时,企业对碳排放权的需求将会下降,甚至很多企业为了缓解自身财政资金紧张,选择抛售剩余的碳排放权资产,导致全球碳排放权资产供给增加,这导致碳权资产的交易价格下降。如前文所述,受2008年金融危机和2011年欧债危机的影响,碳权资产市场交易价格长期处于较低水平(庄德栋,2014),跌幅超过50%。

从图4.1可以看出,二氧化碳排放量与GDP的变化和趋势基本一致。随着经济的不断发展,全球二氧化碳排放量也呈现上升趋势。当GDP增长和经济条件相对繁荣时,二氧化碳排放量也会增加;反之,当GDP增长趋缓,经济形势下行时,二氧化碳排放量也会下降,这将影响碳权资产的价格表现。

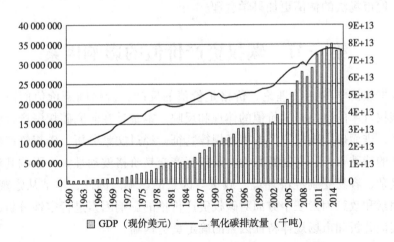

图4.1　1960—2016年全球二氧化碳排放量与GDP

资料来源:世界银行。

(二) 能源消耗及价格

目前,能源包括传统能源和清洁能源(宋国乾,2016)。传统能源主要包括煤炭、石油、电力等。使用煤炭和化石燃料生产的企业是二氧化碳和其他温室气体排放的主要来源。因此,能源消耗和价格对碳权资产市场交易价格的影响较大。当煤炭等化石燃料消费量增加时,二氧化碳等温室气体的排放量也会增加,这就增加了企业对碳排放权的需求,在供给状况不变的情况下,碳排放权资产市场的交易价格会上升;相反,当煤炭等化石燃料消费量减少时,市场成交价格也将呈现下降趋势。当传统能源价格上涨时,企业为了降低成本,会减少传统能源的消耗,选择绿色清洁能源的动机会增强,二氧化碳等温室气体的排放量会减少,从而使碳权资产价格下降。因此,能源消耗和价格会对碳权资产的价格产生影响。

图4.2显示了全球二氧化碳排放和能源使用的变化。随着煤炭等化石燃料消耗量的增加,二氧化碳的排放量也会增加。相反,当能源消耗减少时,二氧化碳排放量减少。随着太阳能、风能等技术的应用和推广,清洁能源使用量将会增加,二氧化碳排放量也会减少,这将影响碳权资产的交易价格。

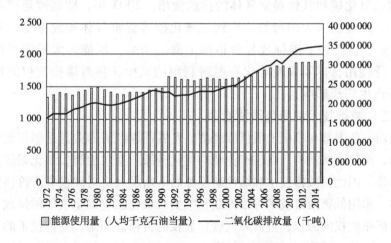

图4.2 1972—2015年全球二氧化碳排放量与能源使用量

资料来源:世界银行。

二、环境因素

(一)气候变化

根据联合国气候变化专门委员会发布的第五次气候变化评估报告,1880年至2012年,全球平均地温上升了0.65—1.06℃,北极和南极的冰原融化和频繁的极端天气都是全球气候变化造成的。2019年的气候大会上提出，到2030年全球气温恐上升3.2℃，如果想实现未来十年全球上升1.5℃的目标，全球减排力度要比当前强度高5倍。当前，气候变化已成为世界各国关注的重要话题。气候变化的后果威胁着人类的生存和发展。控制二氧化碳等温室气体的排放已成为世界各国面临的重要问题。自《联合国气候变化框架公约》生效以来，联合国每年都召开气候大会，评估应对气候变化的进展情况。通过国际谈判等形式，各方达成协议，积极参与国际合作，实现减少二氧化碳等温室气体排放的目标。同时，各个国家和地区还根据自身实际情况确定相应的减排目标，并采取各种政策和经济手段积极应对气候变化问题，这将影响碳权资产的市场交易价格。此外，气候异常变化将影响能源消费，进而影响碳权资产的价格。例如，在非常寒冷的冬季，将增加电力和其他化石燃料的消耗，以确保人类的取暖需求；同样，在非常炎热的夏季，为了防暑降温，将增加对电力的需求，以保证充足的空调供应，这将导致二氧化碳和其他温室气体的排放激增。2003年，欧洲遭遇严寒冬季的侵袭，取暖需求大幅增加，导致二氧化碳等温室气体排放量较往年增加约2.5%，也促进了碳排放权价格的上涨。未来，风能、太阳能等绿色能源的广泛使用，以及煤炭等化石燃料利用的减少，将对碳排放权的市场交易价格产生广泛影响。

（二）减排技术和绿色清洁能源

当前，各国都在积极发展低碳经济。发展低碳经济的关键是创新能源和减排技术，调整消费结构，促进产业结构优化升级，有效控制二氧化碳等温室气体的排放。因此，减排技术和绿色新能源的不断发展将对碳权资产价格产生深远影响。采用低碳减排技术可以控制和减少二氧化碳等温室气体的排放，降低企业对碳排放权的需求，进而降低碳排放权的价格。但是，减排技术的发展还不成熟和完整，后续还需要大量的资金支持。因此，从长远来看，减排技术的发展将继续影响碳排放权的价格。

此外，许多国家积极鼓励利用太阳能、风能、生物燃料等绿色清洁能源。与煤炭等传统能源相比，利用绿色清洁能源替代传统化石燃料可以有效减少二氧化碳等温室气体的排放。因此，绿色清洁能源与传统能源价格的相对变化也会影响碳排放权的价格。当绿色清洁能源价格上涨时，企业为了降低成本，往往会选择煤炭等传统能源。化石燃料消耗量的增加导致二氧化碳和其他温室气体排放量的增加。此时，企业对碳排放权的需求上升，导致碳排放权价格上涨。

（三）环境承载力水平

环境资源是稀缺的，属于有价值的资源。环境本身具有一定的净化能力和承载能力。环境承载力是指人类社会各种生活和生产活动对环境条件产生影响和破坏时，环境区域的最大承载力，即环境的最大自净能力。对于碳排放而言，环境承载力水平限制了一定时期一定区域内进入大气的二氧化碳排放量的最大值。基于此，为避免二氧化碳等温室气体的过度排放对环境造成损害，世界各国将积极倡导发展低碳经济，限制二氧化碳排放，使碳排放权成为一种有价值的商品。由于环境承载力水平不同，经济发展程度不同，对环境的利用和破坏程度不同，对环境保护的态度和力度不同，这将影响各地区的二氧化碳总量和其他温室气体排放限制。政府有关部门将根据本地区经济发展水平和趋势的实际情况，结合各企业的减排目标要求和排放量，综合考虑本地区环境承载力水平、产业结构、环境保护等因素，确定一定时期内允许的二氧化碳和其他温室气体总量。如果某一地区的环境破坏程度高，环境承载力水平有限，某一时期允许的二氧化碳排放总量就会非常有限，企业对碳排放权的需求量也会很大，从而影响碳排放权的价格。

（四）人类环保意识的改变

目前，二氧化碳等温室气体的排放量正逐年增加（赵锋，2010）。气候变暖等频发的气候问题已受到世界各国的广泛关注。人们逐渐认识到，世界经济发展的最佳模式是以低消耗、低排放、低污染为标准的低碳经济发展模式。从减少使用一次性产品，以及新能源汽车购买的不断增加，都体现了人类自觉地产生对环境的保护意识，并且这种意识在不断地加强。随着公众环保意识的不断增高，人们会自觉减少煤炭等化石燃料的消耗，倾向于选择更多的绿色清洁能源，逐步转变生产和消费方式，减少二氧化碳的排放，人类对新技术、新能源的研究也将更加深入，这将在一定程度上影响碳权资产的交易价格。

三、政策因素

（一）碳配额计划

国家配额计划决定了国内碳排放权的分配，而碳排放权配额的分配是碳交易市场的主要供给，因此配额分配计划会对碳排放权资产的市场交易价格产生影响。总量配额是指一个国家在一定时期内允许排放的二氧化碳总量。总的来说，为了有效控制或减少二氧化碳等温室气体的排放，保护生态环境，发展绿色低碳经济，反映碳权资产的稀缺性，各企业在国家配额计划下分配的碳排放配额总量应低于各排放单位实际产生的二氧化碳排放总量，以便在碳交易市场上开展交易活动，即要求每个排放单位在排放指标的约束下进行二氧化碳等温室气体的排放。如果排放单位的排放量低于配额，排放单位可以通过市场交易将碳排放权转让给排放量超过配额的排放主体。此时，企业在没有购买碳排放权的情况下实现了减排目标，对碳排放权的需求减少，导致碳资产价格下降。相反，如果二氧化碳的实际排放量高于配额，对碳排放权的需求就会增加，这将促进碳资产价格的上涨。因此，国家碳配额计划的变化会影响企业和排放单位分配的碳排放配额，从而影响碳权资产的价格。

（二）碳配额的分配方式

目前，碳排放配额的分配方式主要有自由分配、公开拍卖和两者相结合。分配方式决定了碳权资产的获取成本，也对碳权资产的市场交易价格产生一定影响。企业以自由分配形式获得的碳权资产降低了企业减排成本，在一定程度上鼓励企业积极参与碳减排。但是，自由分配的形式也有一定的负面效应，这会使企业缺乏减排的压力和动力，难以有效控制或减少二氧化碳的排放。而且，碳排放配额的分配是对环境稀缺资源的配置，而自由分配降低了环境稀缺资源的价值，这也背离了市场经济体制的原则，影响了碳排放权的合理使用，从而对碳权交易市场的交易活动产生负面影响，影响碳权资产的市场交易价格和评估价值。公开拍卖的形式可以弥补自由分配形式的一些不足。通过公开拍卖的方式，可以利用市场机制合理有效地配置碳排放权，提高市场的整体效率。企业通过公开拍卖获得碳排放配额，增加了减排成本，增强了企业实现减排目标的积极性，从而影响了碳权资产的价格。目前，欧盟正在逐步降低自由碳配额的比例。据测算，2020 年后，约 70% 的碳配额将通过公开拍卖方式发放，到 2027 年，100% 的碳配额将通过公开拍卖方式发放。目前，我国碳配额主要是免费发放，这也是"十三五"期间提出的。为与规划的能源消费总量控制目标衔接，我国将逐步引入拍卖机制，后期提高拍卖比例。从自由分配形式向公开拍卖方式的转变，使得碳权资产的获取成本发生变化，这也会对企业的二氧化碳排放产生一定的影响，增强碳排放市场的激励效应，进而影响碳权资产的市场交易价格。

（三）政府的减排目标及环境政策

碳权资产是环境政策的产物，具有政策导向性。政府部门直接参与碳排放配额的分配。政府部门制定的减排目标、减排总量控制和相关环境政策，将对碳权资产价格产生较大影响。如果政府更加重视环境保护，就会出台很多相应的环保政策，制定更加严格的减排目标，积极推动减排技术的发展和绿色清洁能源的利用，大力发展低碳经济，企业减排的压力也会越来越大。在"十三五"期间，我国实施了一系列国家战略，加强了全国碳市场的建立，提出了森林碳汇的政策，在2019年底，碳排放强度比2015年下降了18.2%，提前完成了"十三五"的约束性目标。总之，政府的减排目标、环境政策等都会对碳交易市场的供求产生一定的影响，从而影响碳权资产的价格和评估价值。

综上所述，我们可以通过政策变化了解一个国家或地区对环境保护、气候变化和低碳经济发展的态度。国内外政策和气候制度的变化将对碳排放权的价格产生一定影响。

除上述宏观因素、环境因素和政策因素外，还有其他因素也会对碳权资产的市场交易价格产生一定影响。例如，替代品的价格。目前，碳排放交易市场上有很多碳排放交易产品。根据经济学的相关知识和原理，当交易产品的替代品价格上升时，交易产品的需求就会增加。在总供应量不变的情况下，交易产品的价格会上涨。此外，碳权资产价格还受市场投机的影响。随着碳交易市场的不断发展和市场规模的逐步扩大，交易活动日趋活跃。越来越多的中介金融机构参与碳权资产的交易。以资本利用为目的的资本流入越来越多，市场流动性不断增加，大量国际投机资本流入碳交易市场，短期内将导致碳权资产市场价格大幅波动，并对物价稳定产生一定影响。

第二节　实证分析

通过以上分析，经济发展水平和趋势、能源价格、气候变化、政策等因素都会对碳权资产的交易价格产生一定的影响。不同国家、不同地区、不同企业、市场供求、交易制度和交易成本对碳权资产价值有不同程度的影响。因此，分析这些因素与碳权资产价格的关系及其对价格的影响程度就显得尤为重要。在以上分析的基础上，本节选取合适的指标变量，利用国内外可以收集到的数据，进行回归分析，找出一些影响较大的因素，并在实证分析的基础上，分析碳权资产的市场特征。

一、实证分析基本模型

在实际研究中，我们往往尽可能收集多的相关数据指标，这有助于对问题进行更全面、完整的研究和分析。但是，当变量较多时，分析问题的复杂性会增加，变量之间可能存在一定的相关性（薛君，2012），这将导致多个变量之间信息的重叠。因子分析的概念起源于20世纪初卡尔·皮尔逊和查尔斯·斯皮尔曼对智力测验的统计分析。因子分析是利用降维的思想，通过研究多个变量之间的内在依赖关系来研究观测数据的基本结构，并用几个抽象变量来表达基本的数据结构（谢宗春，2008）。因子分析是一种统计分析方法，通过显示变量来评价潜在变量，通过具体指标来抽象因素。其目的是寻求变量的基本结构，简化观测系统，降低变量的维数，用少量变量解释复杂问题（时立文，2012）。

因子分析以信息损失最小为前提，将许多原始变量整合成更少的若干综合指标。其一般模型如下。

设有 p 个原始变量 x_1，x_2，…，x_p，并且每个变量（或经过标准化处理后）的均值均为0，标准差均为1。现将每个原始变量用 k（$k < p$）个因子 f_1，f_2，…，f_k 的线性组合来表示，则有：

$$f_1 = b_{11} x_1 + b_{12} x_2 + \cdots + b_{1p} x_p$$
$$f_2 = b_{21} x_1 + b_{22} x_2 + \cdots + b_{2p} x_p$$
$$\vdots$$
$$f_k = b_{k1} x_1 + b_{k2} x_2 + \cdots + b_{kp} x_p$$

也可以用矩阵的形式表示：

$$X = \begin{cases} X_1 \\ X_2 \\ \vdots \\ X_P \end{cases} \quad A = \begin{bmatrix} a_{11} & a_{12} & \cdots & a_{1m} \\ a_{21} & a_{22} & \cdots & a_{2m} \\ \vdots & \vdots & & \vdots \\ a_{p1} & a_{p2} & \cdots & a_{pm} \end{bmatrix} \quad F = \begin{cases} F_1 \\ F_2 \\ \vdots \\ F_m \end{cases} \quad e = \begin{cases} e_1 \\ e_2 \\ \vdots \\ e_p \end{cases}$$

其中，F 称为因子，由于它们均出现在每个原始变量的线性表达式中，因此也称之为公共因子。

进行因子分析主要包括以下几步，如图4.3所示。

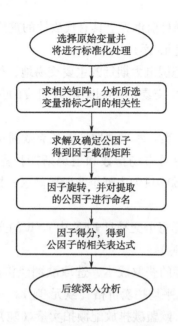

图 4.3　因子分析的主要步骤

二、样本指标变量的选取与处理

EU ETS 是世界上第一个国际碳排放交易体系。该体系的建设和发展相对成熟，也是目前最大、最活跃的碳权资产交易市场。系统中的交易情况在很大程度上可以反映全球碳权资产的交易现状。因此，本书主要选取欧盟碳排放交易制度下 2013 年 1 月至 2016 年 12 月（第三阶段）欧洲能源交易所（EEX）的价格（欧元/吨）作为研究对象。EEX 是欧盟碳排放交易系统中主要的碳权资产交易市场，更具代表性。

（一）变量选择

通过上文对碳权资产特点及其价格影响因素的分析，选择的变量如下：

（1）煤炭价格：本书选取具有代表性的三个欧洲港口 ARA（ARA 是阿姆斯特丹、鹿特丹和安特卫普首字母的组合）煤炭期货合约日交易价格（美元/吨），经过处理后得到月平均交易价格。

（2）天然气价格：德国作为世界天然气消费大国和欧洲大陆重要的天然气中转国，是欧洲乃至世界天然气价格走势的良好代表。因此，选择了 EEX 天然气期货价格指数之一的 Gaspool 的月平均价格（欧元/MWh）。

（3）原油价格：选择目前世界上具有代表性的重要原油期货布伦特原油期货合约的月平均价格（美元/桶）。

（4）电价：EEX 是德国电力期货的主要交易地，德国拥有欧洲最大的电力市场。因此，选择在 EEX 交易的 Phelix 电力期货的月平均交易价格（欧元/MWh）。

（5）欧洲工业生产指数：本书选取了斯托克欧洲 600 指数（STOXX Europe 600），它是道琼斯斯托克总市场指数和道琼斯斯托克全球 1800 指数的子集，代表了欧洲 18 个国家的 600 只大中型企业股票。这一指数能在很大程度上反映欧洲的经济状况。

（6）CER 价格：选择每个交易日 EEX 中 CER 的交易价格，然后处理得到月平均交易价格（欧元/吨）。

（7）对于碳排放配额的获取成本，选取欧洲经济区每个交易日 EEX 的拍卖价格，经处理后得到月平均拍卖价格（欧元/吨）。

（8）碳配额供应量：欧盟碳排放配额拍卖量（吨）。

（9）根据天气和气温条件，选取欧洲主要国家的日平均气温作为月平均气温。以 2010 年以来欧洲主要国家月平均气温为基准。如果月平均气温高于 2010 年以来的月平均气温，则认为相对温暖，并将其赋值为 1；相反，则被认为是相对冷的，并被赋予 0。这是一个虚拟变量。

（10）政策方面，根据相关气候政策的发布情况，如果当月欧洲公布了与气候相关的政策法规，则将其赋值为 1，否则赋值为 0。这是一个伪变量。

本节数据主要来源于 EEX、世界银行发布的报告和经济发展指标、芝加哥商品交易所集团发布的天气和温度数据、stoxx. com 上发布的欧洲工业指数、Wind 数据库等。影响因素衡量指标汇总如表 4.1 所示。

表 4.1　影响因素衡量指标

被解释变量	解释变量	衡量指标
碳交易价格 （EUA）	X_1	煤炭价格：欧洲三港 ARA 煤炭期货
	X_2	天然气价格：Gaspool 天然气期货价格指数
	X_3	原油价格：Brent 原油期货
	X_4	电力价格：Phelix 电力期货
	X_5	欧洲工业生产指数：Stoxx Europe 600
	X_6	CER 价格

续表

被解释变量	解释变量	衡量指标
碳交易价格 （EUA）	X_7	碳配额获得成本
	X_8	碳配额供应量
	X_9	天气温度（虚拟变量）
	X_{10}	政策因素（虚拟变量）

（二）变量的标准化处理

由于每个指标的含义和性质不同，计量单位也存在差异。变量间差异较大，缺乏全面性。在实证分析过程中，如果直接使用原始变量，会突出数值较高的指标的效果，这会导致每个变量的分析权重不相等。因此，在进行实证分析之前，需要对选取的指标数据进行标准化处理。最常用的方法叫作 Z 分析法，其计算公式为：

$$Z_i = \frac{X_i - x}{s}$$

其中，X_i 表示变量 X 的第 i 个观测值，x 表示变量 X 的均值，s 表示标准差。

三、实证过程

（一）可行性分析

采用 SPSS 23.0 软件对标准化样本数据进行因子分析。首先对样本数据进行 KMO 和 Bartlett 球度检验，确定变量之间是否存在相关性，是否适合进行因子分析。KMO 值越接近 1，指标变量间的相关性越强，越适合进行因子分析。一般按以下标准判断：KMO 值大于 0.9，说明指标变量非常适合进行因子分析；KMO 值在 0.8—0.9，适合进行因子分析；KMO 值在 0.7—0.8，则表示合适；KMO 值在 0.5—0.7 意味着不太适合进行因子分析，较为勉强；如果 KMO 值小于 0.5，说明指标变量极不适合进行因子分析。

Bartlett 球度检验的概率值为 0.000，小于显著性水平 0.01，可以说明相关系数矩阵不是单位矩阵，指标变量之间存在相关关系，适合进行因子分析。

本节对所选样本数据进行 KMO 和 Bartlett 球度检验的结果如表 4.2 所示。

表 4.2　KMO 和 Bartlett 球度检验结果

Kaiser – Meyer – Olkin 取样适切性量数		0.714
Bartlett 球度检验	近似卡方	367.443
	自由度	45
	显著性	0.000

KMO 值为 0.714，显著性概率为 0.000，说明所选指标变量之间存在相关性，适合进行因子分析。

（二）因子分析

KMO 和 Bartlett 球度检验结果表明，本节选取的指标变量适合于因子分析。表 4.3 给出了本节选取的 10 个指标变量的共同度，说明了选取的指标变量对提取的公因子的依赖程度。

表 4.3　指标表变量的共同度

指标	初始	提取
煤炭价格	1.000	0.848
电力价格	1.000	0.895
天然气价格	1.000	0.870
原油价格	1.000	0.893
CER 价格	1.000	0.612
Stoxx Europe 600	1.000	0.758
碳配额获得成本	1.000	0.643
碳配额供应量	1.000	0.790
天气温度	1.000	0.638
政策因素	1.000	0.567

注：提取方法为主成分分析法。

从表 4.3 中的数据来看，除政策因素的公共性为 0.567，在提取公共因子的过程中信息损失较大外，其余 9 个选定指标变量的公共性均在 0.6 以上，说明公共因子的提取较为理想，在提取公因子的过程中，各指标变量的信息损失较小。

因子分析中最重要的是提取公因子 F，主要是观察各公因子的特征值和总方差的解释程度。表 4.4 是因子分析总方差的解释表，其中给出了主成分因子的特征值和方差贡献率，以及正交旋转后主成分因子负荷矩阵的特征值和方差贡献率。

表 4.4　总方差解释

成分	初始特征值			提取载荷平方和			旋转载荷平方和		
	总计	方差百分比	累计方差贡献率	总计	方差百分比	累计方差贡献率	总计	方差百分比	累计方差贡献率
1	4.477	44.770	44.770	4.477	44.770	44.770	4.424	44.237	44.237
2	1.810	18.105	62.875	1.810	18.105	62.875	1.863	18.635	62.872
3	1.226	12.258	75.133	1.226	12.258	75.133	1.226	12.261	75.133
4	0.829	8.293	83.426						
5	0.768	7.683	91.109						
6	0.424	4.239	95.348						
7	0.231	2.311	97.660						
8	0.131	1.314	98.973						
9	0.069	0.694	99.667						
10	0.033	0.333	100.000						

注：提取方法为主成分分析法。

一般情况下，应考虑特征值大于 1 的因素。根据表 4.4 的数据，特征值大于 1 的因子有三个，此时考虑提取三个公因子。这三个公因子的累积方差贡献率为 75.133%，表明提取的三个公因子包含了原指标变量的大部分信息，公因子提取效果理想。旋转主成分因子的负荷矩阵后，累积方差贡献率没有变化，仍为 75.133%，但特征值和方差贡献率变化不大，说明转换不影响原指标变量的共性，只是改变了各因子的方差来解释原指标变量。因此，经过分析，应提取出三个共同因素。此时，将选取的 10 个指标变量转换为 3 个主成分因子，起到因子分析和降维的作用。

从图 4.4 也可以看出公因子的提取情况。碎石图就是根据特征值的大小排列而成的因子散点图。

由图 4.4 可见，第三因子前的特征值均大于 1，曲线陡峭。但是，第四个因子之后的特征值都小于 1，曲线变得更平滑。这说明提取三个公因子是合理的。

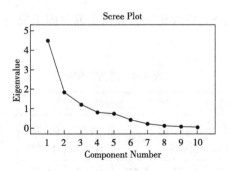

图 4.4 碎石图

为了对提取出的三个公因子进行命名和解释，本书计算分析了 10 个原始指标变量对提取出的公因子的负荷。通过因子负荷系数反映各原始指标变量对提取的三个公因子的负荷，分析各公因子反映的各原始指标变量的差异，从而对提取的公因子进行解释和命名。由于因子负荷系数在旋转前相差很小，解释能力不足，通过因子负荷矩阵的正交旋转，可以使因子负荷系数极化为 0 和 1，从而使提取的公因子的含义更加清晰，便于解释。旋转后的因子载荷矩阵如表 4.5 所示。

表 4.5 旋转后的因子载荷矩阵

	成分		
	1	2	3
电力价格	0.945	− 0.043	0.009
原油价格	0.930	− 0.091	0.036
天然气价格	0.917	− 0.154	0.071
煤炭价格	0.906	0.070	− 0.061
Stoxx Europe 600	− 0.479	− 0.875	0.048
碳配额获得成本	− 0.601	− 0.530	0.030
碳配额供应量	0.113	0.676	0.101
CER 价格	− 0.260	0.735	− 0.066
天气温度	− 0.018	− 0.064	− 0.806
政策因素	− 0.016	− 0.046	0.652

注：提取方法为主成分分析法，旋转方法为凯撒正态化最大方差法。旋转在 3 次迭代后收敛。

根据表 4.5 的结果命名了三个公因子。在第一个公因子 F_1 中，电力价格、原油价格、天然气价格和煤炭价格的负荷系数分别为 0.945、0.930、0.917 和 0.906，各因子负荷系数均接近 1，第一公因子 F_1 主要反映电力、原油、天然气和煤炭的价格变化，因此第一公因子 F_1 可称为能源因子。在第二公因子 F_2 中，Stoxx Europe 600、碳配额供应量和 CER 价格具有较大的因子负荷，分别为 −0.875、0.676、0.735，从负荷系数的绝对值来看，这些原始指标变量的因子负荷系数远大于其他原始指标变量，这说明公因子是原始变量 Stoxx Europe 600、碳配额供应量和 CER 价格的综合反映，Stoxx Europe 600 的因子负荷较大，因此第二公因子可以称为经济发展和供给因子。在第三公因子 F_3 中，天气温度因子负荷系数为 −0.806，政策因素因子负荷系数为 0.652。天气温度的影响较大，而政策因素的影响相对较小。这两个原始指标变量的负荷系数的绝对值远远大于其他指标变量，因此第三公因子被称为气候政策因子。

根据表 4.6 可以得到所提取的公因子的线性关系式，为下文的回归分析奠定基础。

表 4.6 因子得分系数

	成分		
	1	2	3
煤炭价格	0.208	− 0.004	− 0.055
电力价格	0.219	− 0.067	0.002
天然气价格	0.218	− 0.126	0.052
原油价格	0.220	− 0.093	0.024
CER 价格	− 0.093	0.413	− 0.051
Stoxx Europe 600	− 0.145	− 0.228	0.042
碳配额获得成本	0.114	− 0.262	0.027
碳配额供应量	− 0.015	0.473	0.083
天气温度	0.003	− 0.036	− 0.649
政策因素	− 0.006	− 0.023	0.613

注：提取方法为主成分分析法，旋转方法为凯撒正态化最大方差法。

根据表 4.6 可以得到以下关系式：

$$F_1 = 0.208X_1 + 0.219X_2 + 0.218X_3 + 0.220X_4 - 0.093X_5 - 0.145X_6 + 0.114X_7 - 0.015X_8 + 0.003X_9 - 0.006X_{10}$$

$$F_2 = -0.004X_1 - 0.067X_2 - 0.126X_3 - 0.093X_4 + 0.413X_5 -$$
$$0.228X_6 - 0.262X_7 + 0.473X_8 - 0.036X_9 - 0.023X_{10}$$

$$F_3 = -0.055X_1 + 0.002X_2 + 0.052X_3 + 0.024X_4 - 0.051X_5 + 0.042X_6 +$$
$$0.027X_7 + 0.083X_8 - 0.649X_9 - 0.613X_{10}$$

通过上述分析，提取出 3 个不相关的公因子，并将 10 个原始指标变量转化为 3 个主成分因子，提取的公因子对降维起到了有效的作用。

（三）回归分析

为了进一步分析三个公因子对碳权资产价格的影响，本节以标准化 EUA 价格为解释变量，用三个公因子代替原指数变量作为解释变量进行回归分析，建立回归模型如下：

$$PEUA = \beta_1 \times F_1 + \beta_2 \times F_2 + \beta_3 \times F_3 + \beta_0 + \sigma$$

其中，β_i 代表各个解释变量的回归系数，β_0 代表常数项，σ 代表残差项。

回归拟合如表 4.7 所示。由表中数据可知，相关系数 R 为 0.782，拟合优度 R^2 为 0.732，调整后的 R^2 值为 0.705，说明解释变量与被解释变量之间存在较强的相关性，即碳权资产的交易价格与本节提取的三个公因子之间存在很强的相关性。D – W 检验值为 1.560，接近 2，表明各指标变量之间没有显著的自相关关系。这种情况表明，回归分析得到的拟合优度 R^2 可以在很大程度上衡量 R^2 的真实水平。回归分析的拟合优度 R^2 值在 0.7 以上，接近 1，说明回归模型的整体拟合是理想的，提取的三个公因子在很大程度上可以解释碳权资产价格的变化。

表 4.7 回归模型汇总结果

模型	R	R^2	调整后的 R^2	估计标准误差	D – W
1	0.782[①]	0.732	0.705	0.454 001 418 250 249	1.560

注：因变量是 EUA 价格。

①预测因子：（常数），F_3，F_2，F_1。

从表 4.8 可以看出，F 检验的 p 值为 0.000，远远小于 0.05 的显著性水平，通过了 F 检验，此时可以认为被解释变量与解释变量之间存在显著的线性关系，也就是碳权资产价格与所提取的 3 个公因子 F_1、F_2、F_3 之间的线性关系非常显著。

表4.8 方差分析

模型	平方和	自由度	均方	F	Sig.
回归	28.752	3	9.584	23.108	0.000[①]
残差	18.248	44	0.415		
总和	47.000	47			

注：因变量是EUA价格。

①预测因子：（常数），F_3，F_2，F_1。

回归模型通过了显著性检验，说明模型中的所有解释变量总体上都能对被解释变量产生显著影响，但并不意味着每个解释变量都能对被解释变量产生显著影响，也就是说，并不是每个解释变量都能单独对被解释变量产生显著影响。此时，我们需要检验回归模型中每个解释变量的显著性，即进行t检验。

由表4.9数据可知，回归模型中三个解释变量F_1、F_2和F_3的t检验统计量分别为6.528、5.135和-0.246，对应的p值分别为0.000、0.000和0.807。在显著性水平为0.05的情况下，解释变量F_1和F_2对应的t检验p值均为0.000，远小于给定的显著性水平。F_1和F_2通过t检验，表明能源因子与经济发展和供给因子对碳权资产价格能产生显著影响。解释变量F_3对应的t检验p值为0.807，未通过t检验，说明气候政策因子对碳权资产交易价格没有显著影响。

表4.9 回归模型参数估计与t检验

模型	非标准化回归系数		标准化回归系数	t	Sig.	共线性统计	
	B	标准误	Beta			容忍度	方差膨胀因子
（常数）	-0.382	0.093		-12.011	0.001		
F_1	0.614	0.094	0.614	6.528	0.000	0.998	1.002
F_2	0.482	0.094	0.482	5.135	0.000	1.000	1.000
F_3	-0.023	0.094	-0.023	-0.246	0.807	0.998	1.002

注：因变量是EUA价格。

根据上述分析可以建立以下回归方程：

$$Y = 0.614F_1 + 0.482F_2 - 0.382 + \sigma$$

其中，Y 表示经过标准化处理后的 EUA 价格；σ 表示残差项。

第三节　实证结果分析

经过上文的实证分析，可以发现能源价格、经济发展状况以及气候政策等因素都可以对碳权资产交易价格产生一定的影响。

首先，从以上分析结果可以看出，能源因子的回归系数为 0.614，能源价格对碳权资产价格的影响更为显著，这也说明煤炭价格、电力价格、天然气价格和原油价格会对碳权资产的价格产生重要影响。当煤炭等化石燃料的消费量增加时，二氧化碳等温室气体的排放量也会增加，这将增加市场对碳排放权的需求。在供给状况不变的情况下，将导致碳权资产市场交易价格的上升；相反，当煤炭等化石燃料消费量减少时，市场成交价格也将呈现下降趋势。

一般来说，煤炭价格与碳资产价格呈负相关。由于煤与原油、天然气相比是一种高碳能源，煤的含碳量比石油高 30% 以上，比天然气高 70%。当煤炭价格上涨时，企业会减少煤炭的消费，反过来，我们更倾向于选择碳含量相对较低的能源，如石油和天然气，这样可以减少二氧化碳等温室气体的排放，减少对碳排放权的需求，从而导致碳权资产价格下降。原油价格和天然气价格与碳权资产价格呈正相关。当天然气和原油价格上涨时，企业减少石油和天然气的消费，选择含碳量较高的煤炭作为燃料，这就将增加大气中二氧化碳等温室气体的排放，增加市场对碳排放权的需求，从而推高碳权资产的价格；而当原油和天然气价格下跌时，碳权资产的价格就会下跌。此外，电力价格对碳权资产价格也有显著影响。电力企业生产需要燃烧大量的煤炭等化石燃料。电力企业是二氧化碳等温室气体的主要来源，对碳排放权的需求量很大。因此，当电力价格上涨时，电力企业对碳排放权的需求增加，使碳排放权价格上升；当电力价格下降时，碳排放权价格也随之降低。但由于当前大力开发利用低碳清洁能源，各种清洁可再生能源在风电、水电等发电企业中得到应用和推广，所占比例也在不断提高。在这种趋势下，二氧化碳排放量会减少，对碳排放权的需求会减少，碳权资产的价格也会下降，对碳权资产的价格会产生负面影响。

其次，经济发展与碳权资产价格之间存在显著的正相关关系。当宏观经济形势比较景气时，企业生产经营活动活跃，生产投资规模较大，刺激企业增加煤炭等燃料消耗，二氧化碳等温室气体排放量较大。而且，经济越发达，环保力度越大，企业对碳权资产的需求越大，碳权资产的价格越高。较低的经济发展水平恰恰相反。此外，碳权资产价格与减排价格之间存在正相关关系。CER与EUA具有一定的替代关系。当CER价格上涨时，碳交易市场会倾向于价格相对较低的EUA，这将增加对EUA的需求，推高EUA的价格；相反，当CER价格下降时，市场对EUA的需求减少，导致EUA价格下降。碳配额供给与碳权资产价格之间存在负相关关系。当一级市场碳配额供给增加时，如果碳排放权需求不变，碳排放权价格就会下降。目前，自由碳配额所占比例越来越小，正逐步向公开拍卖方式转变，这使得拍卖价格和碳配额供给成为衡量减排成本的重要因素。

最后，气候政策因子对应的t检验p值为0.807，未通过t检验，说明气候政策因子对碳权资产交易价格没有显著影响。通过以上定性分析可知，气候变化和政策因素会对碳权资产价格产生一定的影响，但这种影响具有很大的不确定性和一定的滞后性，其影响机制和过程较为复杂，因此气候变化和政策因素的影响是间接的。例如，如果降水量减少一段时间，干旱就会发生。如果干旱达到一定程度，将影响水电的正常发电。也就是说，降水减少对水力发电在短时间内的影响非常小。电力企业不需要燃烧更多的煤炭和其他燃料来发电，也不会增加二氧化碳和其他温室气体的排放，因而不会推动碳权资产的价格上涨。气候变化及相关政策的颁布对碳权资产价格的实际影响短期内并不严重。因此，由于气候变化和政策因素的不确定性以及过程的复杂性，它们在短期内并不会对碳权资产价格产生显著影响，这也是气候政策因子与碳价格不存在显著关联的原因。

第四节　基于实证结果的碳权资产市场法
特征因素界定

通过以上理论和实证分析可知，能源价格、经济发展等因素对碳权资产价格影响显著，而天气、气温、政策因素影响过程复杂，具有很大的不确定性和一定的滞后性，因而对碳权资产价格的影响是间接的，短期内不会产生显著影响。通过对碳权资产价格影响因素的分析和研究，确定了影响碳权资产价格的因素，为从评估角度界定碳权资产的市场法的特征因素奠定了基础。根据相关经济学理论，价格是价值的表现形式，因此碳权资产的价格也是碳权资产价值的体现，碳权资产的评估价值主要基于碳权资产的价格。由于运用市场法的关键是选择合适的可比案例，确定可比修正系数，因此在对碳权资产价格影响因素进行上述分析的基础上，本节运用市场法的思想和技术手段对碳权资产价值进行评估时，需要从市场法价值评估的角度界定碳权资产的特征因素。

一、地域经济水平因素

不同地区的经济发展水平和产业类型存在明显差异。根据以上分析，经济发展对碳权资产价格有显著影响。经济发展水平较高的地区，企业生产经营活跃，生产投资规模较大，煤炭等燃料消耗较多，二氧化碳等温室气体排放量较大，对环境水平要求较高，因此，对碳排放权的需求更大。与经济发展水平相对落后的地区相比，碳权资产对企业价值贡献的绝对值和相对值都较大，这将使碳权资产的价格更高。而由于相对落后地区的经济发展水平起步较晚，对环境的破坏不是很严重，二氧化碳等温室气体的环境容量相对较大，这也会使相对落后地区碳权资产的交易价格较低。从特征上看，碳权资产与房地产具有相似性，具有明显的区域特征。因此，在运用市场法评估碳权资产价值时，应考虑区域经济水平的影响。

从图 4.5 可以直观发现，我国各省区市之间的 GDP 和经济发展水平存在显著差异，这必然导致各地区企业的生产经营状况和规模存在显著差异。在经济发达地区，企业生产经营活动活跃，企业规模大，对碳权资产的需求量大，而且经济发展水平越高，开发起步越早，环境资源利用程度越高，对环境的破坏程度越大，环境保护力度就越大，碳排放权也就越紧，这将影响碳权资产的价值。因此，不同地区碳权资产的估值也会有所不同。

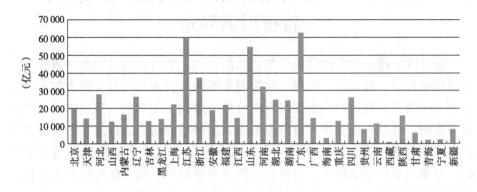

图 4.5 2011—2017 年全国各省区市 GDP 均值

从图4.6、图4.7、图4.8可以看出，在GDP较高、经济较发达的地区，煤炭、天然气、电力等能源消耗较多，相应的二氧化碳等温室气体排放量也较大，二氧化碳等温室气体的需求量较大，碳权资产对企业价值的贡献较大，因此，在采用市场法评估碳权资产价值时，需要考虑区域影响，并考虑经济发展水平和速度、产业结构等方面的区域差异对碳权资产价值的影响。我们需要选择适当的指标来调整和修正地区因素的差异。一是单位GDP能耗，这个指标是指一个国家或地区在一定时期内单位GDP的能耗（程文荣，2016）。这一指标代表了能源利用程度，反映了区域经济产业结构和能源利用效率的变化，代表了一个地区综合经济效益和环境效益的水平。如果一个地区的单位GDP能耗较低，则意味着该地区相应的二氧化碳和其他温室气体排放较少，对碳权资产需求的减少将影响碳权资产的价值。二是人均GDP，它代表了一个地区的经济发展水平。在人均GDP较高、经济较发达的地区，碳权资产价格普遍较高。三是经济发展增长速度。经济的快速发展也意味着企业的投资规模和生产规模将相应扩大。企业生产需要更多的能源和燃料。企业对碳排放权的需求增加，碳权资产对企业价值的贡献增加，碳权资产交易火热，影响了碳权资产的价值。总之，碳权资产具有明显的区域特征。将地域经济水平作为碳权资产的特征因子，在运用市场法评价碳权资产经济增长率等指标修正地域经济水平因素差异时，需要考虑区域经济发展水平和形势差异对其价值的影响，可以利用单位GDP能耗、人均GDP、经济发展增长速度等指标来修正地域经济水平因素的差异。

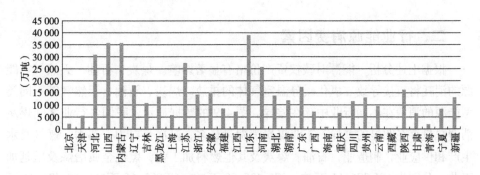

图4.6　2011—2017年全国各省区市煤炭消耗量均值

资料来源：国家统计局。

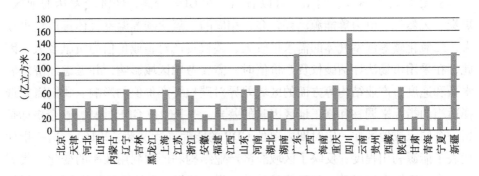

图 4.7 2011—2017 年全国各省区市天然气消耗量均值

资料来源：国家统计局。

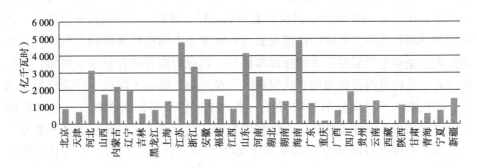

图 4.8 2011—2017 年全国各省区市电力消耗量均值

资料来源：国家统计局。

二、行业能源消费因素

根据上述分析，能源对碳权资产价格有显著影响。煤炭、石油、天然气等能源的消耗将直接导致二氧化碳等温室气体的排放。煤炭、石油、天然气等不同类型能源的消费在不同行业中存在差异。图 4.9 的数据显示，我国各行业之间煤炭消费总量存在明显的差异，工业煤炭消费量最多，其次是电力、热力、燃气及水生产和供应业，制造业，石油、煤炭及其他燃料加工业，黑色金属冶炼及压延加工业，分别为 176 376.11 万吨、175 435.55 万吨、67 882.66 万吨、44 476.44 万吨。处于钢铁、电力等行业中的企业，对煤炭的消耗较高，碳排放权对企业的价值贡献程度较大；但是对于煤炭能耗较低行业中的企业，二氧化碳排放量小，对碳排放权的需求相对较小，碳权资产对企业价值的贡献较小。

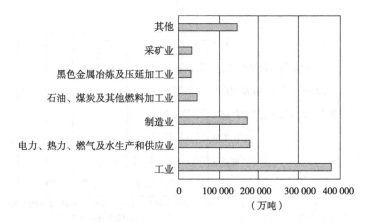

图 4.9　2011—2017 年我国各行业煤炭消费总量均值

资料来源：国家统计局。

　　从图 4.10、图 4.11 可以清晰地看出，在不同行业之间原油消费和天然气消费存在显著差异。工业原油消费量最高，其次是制造业，石油、煤炭及其他燃料加工业，化学原料及化学制品制造业，采矿业，分别为 50 708.99 万吨、47 252.39 万吨、3 454 万吨、964.88 万吨；工业天然气消费量最高，其次是制造业，居民生活，电力、热力、燃气及水生产和供应业，化学原料及化学制品制造业，分别为 722.39 亿立方米、339.71 亿立方米、315.79 亿立方米、275.32 亿立方米。故原油和天然气使用较多的行业，二氧化碳排放量较多，对碳排放权需求量也较大，处于这些行业中的企业，碳排放权对企业的贡献度较大。

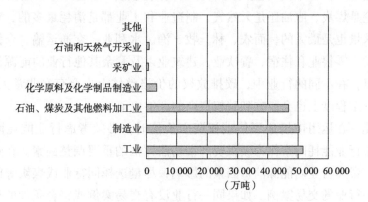

图 4.10　2011—2017 年我国各行业原油消费总量均值

资料来源：国家统计局。

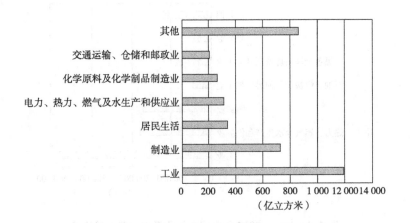

图 4.11　2011—2017 年我国各行业天然气消费总量均值
资料来源：国家统计局。

　　不同行业煤炭、原油、天然气能源消费总量存在明显差异。由于煤炭二氧化碳排放量分别超过原油和天然气的 30% 和 70%，煤炭消费量较大的行业二氧化碳和其他温室气体排放量较大，这些行业的企业对碳权资产的需求量较大，碳权资产对企业价值的贡献相对较大，而对于煤炭等低能耗行业，二氧化碳排放量较小，这些行业碳权资产对企业价值的贡献相对较小。在此基础上对碳权资产进行评估，在不同的行业和不同的能源之间，价格会存在偏差。

　　除此之外，在不同行业间对能源的使用量也存在差异。从上面的图表可知，不论是煤炭、原油还是天然气，制造业和工业都是消耗最多的，对碳排放权的需求量也是最大的，而农、林、牧、渔、水利业，交通运输、仓储和邮政业，批发、零售业和住宿、餐饮业，建筑业以及剩余其他行业的能源消费量较少。所以，在不同的行业中，碳排放权的价格整体上也会存在非常大的差距，从而在一定程度上也会影响到碳权资产的评估价值。

　　因此，在运用市场法评估碳权资产价值时，必须考虑行业能耗因素的影响，确定行业能耗因素作为碳权资产市场法评估的重要调整因素。在选择可比案例时，考虑行业内能源消费因素的影响，尽量选择同行业或煤炭等能源消费差距较小行业的交易案例。如果同一行业没有交易案例或符合条件的交易案例较少，在采用市场法评估碳权资产价值时，应调整行业能源消费因素的影响，行业单位产值能耗可以作为修正的依据。

三、企业减排成本因素

通过以上分析，采用市场法评估碳权资产价值时，需要考虑地域经济水平因素和工业能耗因素的影响，并选取适当的指标来调整和修正区域因素和产业因素的影响。在上述实证分析中，提取的三个公因子的累积方差贡献率为75.133%。提取的三个公因子包含了原始指标变量的大部分信息，但有部分信息没有包含在内，说明还有其他因素对碳权资产的价值产生一定的影响。因此，除上述两个因素外，在运用市场法评估碳权价值时，还需要考虑企业减排成本对碳权资产价值的影响。企业在日常生产经营活动中，可以利用各种节能减排技术或设备，使生产中排放的二氧化碳等温室气体总量低于企业获得的碳排放限额。此时，企业可以将剩余的碳排放权在市场上进行交易，获得相应的经济利益，因此，这部分碳权资产构成了碳权资产评估的对象，将直接影响到碳权资产交易市场的供给。基于以上原因，在运用市场法评估碳权资产价值时，需要考虑不同企业间二氧化碳减排成本的差异对碳权资产价值的影响。

企业减排成本主要包括以下几个部分：一是各类碳减排设备的投资成本。减排设备不仅是指用于处理企业生产过程中排放的二氧化碳等温室气体的污染控制设备，还包括能够降低煤炭消耗的节能设备。节能减排设备的投资成本包括设备购置费、运输费、安装调试费等直接费用，以及与节能减排设备配套的建筑物和安装施工所需设备的费用。在评估过程中，需要根据不同行业、不同的企业特点进行具体判断。二是节能减排设备的运行成本。在企业的日常生产经营活动中，节能减排设备只能达到减少二氧化碳等温室气体排放的目的，或通过维持正常运行来降低企业的生产能耗。维护设备的运行需要资金投入，包括设备运行的基本成本，如水电费等设备维护费用等。三是节能减排技术的开发成本。为满足生产经营过程中二氧化碳等温室气体的减排要求，企业将继续加大投入，研究开发新的节能减排技术，如采用新的生产方式、使用清洁能源、更新生产设备、提高企业能效等，这部分投入成本既包括节能减排技术研发、技术改造升级投资、新技术引进成本等，还包括技术研发人员工资、培训费用、相应的研发设备投入等。

不同类型、不同特点的企业减排二氧化碳等温室气体的难度不同，减排二氧化碳等温室气体的成本也存在显著差异。比如，煤炭等燃料消耗量大的企业，二氧化碳等温室气体排放量也比较大，即使投入大量资金减少二氧化碳等温室气体排放，相应的成本也比较高，还可能出现碳排放权不能满足日常生产需要的情况。碳权资产对这类企业的价值贡献很大，相应的估值也会偏高。企业可以通过各种减排投入，减少二氧化碳等温室气体排放，使剩余的碳排放权在市场上交易，获得相应的经济效益。因此，企业减排成本必然会影响碳权资产的估值，不同企业的减排难度和成本不同，对碳权资产的需求不同，碳权资产对不同企业的贡献也不同。在评估碳权资产价值时，需要考虑企业减排成本因素的影响，对不同企业之间的减排成本进行具体判断和计算，以此作为运用市场法评估碳权资产价值时调整减排影响因素的依据。

　　综上所述，通过对碳权资产价格影响因素的定性和定量分析可知，能源、经济发展等因素对碳权资产价格有显著影响，碳权资产价格是其价值的体现。在此基础上，根据对影响显著因素的识别，结合市场法评价的思路，本章对碳权资产市场法的特征因素进行了分析和界定，发现在评估碳权资产这一特殊资产的价值时需要考虑地域经济水平、行业能源消费和企业减排成本的影响，需要选择适当的指标来调整和修正上述可比交易案例因素的差异。

第五章

碳权资产市场法估值模型构建及
应用

市场法以类似资产或可比案例的交易数据为基础，调整可比案例与被评估案例之间的差异，最终得出评估值。评估数据来源于市场，评估结果也可以通过市场进行检验，因此该方法符合市场经济的一般原则，易于双方接受。市场法是资产评估中最直接、最简单、最有效的方法（梁美健等，2016）。

与成本法和收益法相比，市场法似乎没有从要素货币化的角度考虑，而是从货币（历史交易）要素的角度进行评价，并根据已知数据进行调整。只要数据充分合理，就可以得出估价结果。

市场法的应用是建立在公开、活跃的市场基础上的。目前，我国已有 7 个碳排放权交易试点项目，且运行良好。在市场开放的公平性和稳定性方面，我国碳排放交易试点交易平台全部实现网上挂牌，每日交易价格、成交量等相关交易信息公开透明。国家碳市场建立后，对信息披露和透明度的要求更加严格。截至 2019 年底，我国先后发布了 24 个行业的碳排放核算报告指引和 13 项碳排放核算国家标准，稳步推进碳市场相关制度建设、基础设施建设和能力建设。市场法在碳权资产评估中具有广阔的应用前景。因此，本章通过构建市场价值评估模型，应用碳权资产进行价值评估。

第一节　参照物的选择

本节基于第四章总结的碳权资产价值影响因素，选取各影响因素中的具体指标并结合模糊关联理论，选取欧盟碳交易市场中的 EEX 市场的 EUA 二级市场的碳排放权配额作为研究对象，对参照物的选择进行研究分析。

一、模糊关联理论

（一）模糊数学与贴近度

1. 模糊集和隶属度

模糊数学的研究理论最早是由 L. A. Zadeh 在 1965 年的《模糊集》中提出的，经过 50 多年的发展，模糊数学在许多学科中得到了广泛的应用。模糊数学与精确数学相对应，常被用来解决一些难以量化的定性问题。具体地说，用"模糊集"来表示概念的边界，用元素相对于模糊集的"隶属度"来描述，即用"隶属度"来代替精确问题中的"归属"或"不归属"。

2. 贴近度和择近原则

基于模糊集和隶属度的概念，我国学者王培庄（1980）首次提出了模糊子集间"贴近度"的概念，用以表示两个模糊子集间"距离"的贴近度。在实际运用中，最常见的基于距离的贴近度是相对海明（Hamming）贴近度、相对欧几里得（Euclid）贴近度。

海明贴近度：

$$\rho_m(A,B) = 1 - \frac{1}{n}\sum_{i=1}^{n}|A(x_i) - B(x_i)|$$

其中，A、B 为模糊子集，为论域中的一个待识别案例，n 为待识别案例的个数。

欧几里得贴近度：

若 $U = \{u_1, u_2, \cdots, u_n\}$，则

$$N(A,B) \triangleq 1 - \frac{1}{\sqrt{n}}\left(\sum_{i=1}^{n}(A(u_i) - B(u_i))^2\right)^{\frac{1}{2}}$$

如果考虑元素隶属度的差异，则需要引入权重，将权重转化为加权海明贴近度和加权欧几里得贴近度。

加权海明贴近度：

$$\rho_e(A,B) = 1 - \left[\frac{1}{n}\sum_{i=1}^{n}|A(x_i) - B(x_i)|^2\right]^{\frac{1}{2}} \tag{5.1}$$

加权欧几里得贴近度：

$$\rho'_m(A,B) = 1 - \sum_{i=1}^{n}W(x_i)|A(x_i) - B(x_i)| \tag{5.2}$$

通过比较发现，海明贴近度比较简单，在以往的研究中得到了广泛的应用，因此海明贴近度是首选。此外，元素隶属度也存在着根本性的差异，不能一概而论，对海明贴近度进行加权是必要和合理的。因此，本章选择加权海明贴近度。

贴近度择近原则，是指将某一模糊子集与其他多个模糊子集相比较，求出相应的贴近度，然后由大到小排序，再从中选出贴近度最大的模糊子集作为与目标子集情形最接近的子集。

3. 贴近度计算步骤

第一步，建立特征因素集。

特征因素是评价的指标，其实质是一个模糊子集。记特征因素集：

$$U = \{U_i | i = 1,2,\cdots,n\}$$

其中，n 表示特征因素个数。

评价集：

$$V = \{V_j \,|\, j = 1,2,\cdots,m\}$$

其中，m 表示评价等级的个数。

第二步，确定隶属度并构建模糊评价集。

基于评价集 V_j 进行评价，即可得到因素对评价集 V_j 的隶属程度 R_{ij}（$i = 1,2,\cdots,n; j = 1,2,\cdots,m$)，可得单个因素 i 的隶属度集合：

$$\{R_{i1},R_{i2},\cdots,R_{im}\}$$

整合所有案例，则有模糊评价矩阵：

$$\boldsymbol{R} = \begin{bmatrix} \{R_{11}, & R_{12}, & \cdots, & R_{1m}\} \\ \{R_{21}, & R_{22}, & \cdots, & R_{2m}\} \\ \{\cdots, & \cdots, & \cdots, & \cdots\} \\ \{R_{n1}, & R_{n2}, & \cdots, & R_{nm}\} \end{bmatrix} = \begin{bmatrix} R_{11}, & R_{12}, & \cdots, & R_{1m} \\ R_{21}, & R_{22}, & \cdots, & R_{2m} \\ \cdots, & \cdots, & \cdots, & \cdots \\ R_{n1}, & R_{n2}, & \cdots, & R_{nm} \end{bmatrix}$$

第三步，确定特征因素权重。

对特征因素 U_i 赋予相应的权重 W_i（$i=1,2,\cdots,n$)，则有权重集：

$$W = \{W_i \,|\, i = 1,2,\cdots,n\}$$

结合式（5.1)，得 A 与 B 之间的海明贴近度：

$$\rho'_n(A,B) = 1 - \sum_{i=1}^{n} W_i \,|\, R_{iA} - R_{iB} \,| \tag{5.3}$$

（二）灰色关联度

1. 灰色关联分析

邓聚龙教授于 1982 年提出并建立了灰色系统理论。与模糊数学相似，灰色关联分析是针对信息部分清晰、信息部分不清晰的系统，即灰色系统。灰色关联分析是通过比较参考序列和比较序列的几何相似性来判断它们之间关联程度的一种分析方法。它在一定程度上反映了曲线之间形状、轨迹和性质的关联程度。与参考序列的关联度越大，比较序列的发展状况越接近参考序列。本书对原始观测数据进行了无量纲化处理，一般定量结果与定性分析结果不存在不一致性。

2. 灰色关联度的计算步骤

灰色关联度是指灰色系统中比较数列与参考数列之间的几何相似度。其具体计算步骤如下。

第一步，构建参考数列和比较数列。

参考数列和比较数列分别用 $x_0 = \{x_0(k) \,|\, k = 1,2,\cdots,n\}$ 和 $x_i = \{x_i(k)$

$|k = 1,2,\cdots,n|\}, i = 1,2,\cdots,m$ 表示。

第二步，原始数据无量纲处理。

参考李炳军等（2002）对无量纲化方法的总结，本书采用式（5.4）所示的方法。

$$x_i(k) = \frac{X_i(k)}{\overline{X_i}(k)} \tag{5.4}$$

其中，$\overline{X_i}(k)$ 指样本均值，$i = 0, 1, 2, \cdots, n$。

第三步，计算关联系数。

$x_0(k)$ 与 $x_i(k)$ 的关联系数可表示成：

$$\xi_i(k) = \frac{\min\limits_i \min\limits_k |x_0(k) - x_i(k)| + 0.5 \max\limits_i \max\limits_k |x_0(k) - x_i(k)|}{|x_0(k) - x_i(k)| + 0.5 \max\limits_i \max\limits_k |x_0(k) - x_i(k)|}$$

记 $\Delta_i k = |x_0(k) - x_i(k)|$，则原式可表示成：

$$\xi_i(k) = \frac{\min\limits_i \min\limits_k \Delta_i k + 0.5 \max\limits_i \max\limits_k \Delta_i k}{\Delta_i k + 0.5 \max\limits_i \max\limits_k \Delta_i k} \tag{5.5}$$

其中，0.5 为分辨系数。分辨系数通常介于 0 到 1 之间，小于 0.546 3 时，分辨率最好，故通常取 0.5。

第四步，计算关联度。

由于存在多个相关系数，为了便于比较，将分散的信息进行了综合，即将每个时间（即曲线中的每个点）的相关系数集中成一个值，即计算出平均值，元素 i 与评价集的灰色关联度可以表示为：

$$r_i = \frac{1}{n} \sum_{k=1}^{n} \xi_i(k) \quad k = 1,2,\cdots,n \tag{5.6}$$

（三）模糊关联度及其适用性分析

1. 模糊关联度

从以上分析可以看出，模糊数学中的海明贴近度从函数间距离的角度反映了函数间的相似度，但它没有考虑函数特性带来的差异对贴近度的影响，即它不反映函数的形状、轨迹或特性；灰色关联度主要用来衡量序列的形状和发展趋势，更多的是轨道上的相似性，而没有过多考虑函数距离。综上所述，模糊数学贴近度可以与灰色关联度相结合，实现动态与静态的统一。笔者认为灰色系统中的部分清晰和部分不清晰的概念可用于模糊数学中隶属度的概念，即作为贴近度的权重。在此基础上，本书引入了一个新的评价指标——模糊关联度，来衡量可比案例之间综合情况的近似程度。

先整合模糊贴近度和灰色关联度相关参数，灰色关联度中的参考数列实质上可看作是模糊理论中的案例集，统一用 $T_i = \{T_i \mid i = 1, 2, \cdots, n\}$ 表示；比较数列则相当于因素集，统一用 $T_j = \{T_j \mid j = 1, 2, \cdots, m\}$ 表示。

结合式（5.5），第 i 个案例"参考因素"与"比较因素""j"之间的灰色关联系数可表示成：

$$\xi_j(i) = \frac{\min\limits_{j}\min\limits_{i}\Delta_j i + 0.5\max\limits_{j}\max\limits_{i}\Delta_j i}{\Delta_j i + 0.5\max\limits_{j}\max\limits_{i}\Delta_j i} \tag{5.7}$$

结合式（5.6），可以得到"参考因素"与"比较因素""j"之间的灰色关联度：

$$r_j = \frac{1}{n}\sum_{i=1}^{n}\xi_j(i) \quad i = 1, 2, \cdots, n \tag{5.8}$$

本书利用灰色关联度来确定主、次特征因子。灰色关联度越大，越有可能成为主要影响因素。由此得到各个因素的权重：

$$W_j = \frac{r_j}{\sum\limits_{j=1}^{m} r_j} \tag{5.9}$$

再结合式（5.3），即可得到案例 A 与 B 之间的联合贴近度——模糊关联度：

$$\rho'_m(A, B) = 1 - \sum_{j=1}^{m}\frac{r_j}{\sum\limits_{j=1}^{m} r_j}\mid R_{jA} - R_{jB}\mid \tag{5.10}$$

2. 模糊关联度的适用性分析

碳权资产交易案例本身具有一定的模糊性。一方面，本书主要从情境的角度出发，运用状态因子来反映碳权资产交换的状态，并作为后续的特征因子。另一方面，碳权资产交易与其他市场法研究对象一样，是一个复杂的因素，有些因素是模糊的。因此，该方法在理论上是可行的。

灰色关联度与贴近度相辅相成，实现了动态与静态的统一。采用灰色关联度作为贴近度的权重，计算加权海明贴近度作为模糊关联度。同时，从函数的距离和波动性来衡量案例之间的相似性，以反映可比案例之间综合情况的接近程度。从这个角度看，"模糊关联"也具有理论上的可行性。

欧盟交易市场上有大量的交易数据。考虑到 2013 年以来进入第三阶段的客观情况，2013 年 1 月 1 日至 2016 年 12 月 31 日的交易数据客观上易于实现，其他指标数据的获取渠道可靠。因此，模糊关联度的计算是可行的，并且模糊关联度的适用性也得到了后面实证研究的验证。

二、参照物选取的模糊关联模型

（一）特征因素选取

一般来说，特征因子的选取应遵循代表性、可操作性和定性与定量分析相结合的原则。在以往的研究中，在处理特征因素时，往往选择与贸易伙伴直接相关的因素。针对碳权资产的评估，本书做了相应的改进，即本书的特征因素主要集中在影响碳权资产价值的因素上，从交易案例的"情况"出发，并利用状态因子指标对碳权资产的各个方面进行衡量。

结合第四章对碳权资产价值影响因素的研究和国内外文献综述，可以看出，对碳权资产价值影响因素的研究主要以能源价格（原油、煤炭、天然气等）、GDP 增长率、碳权资产价值、天气和政策为典型代表。在此基础上，本书进行了适当的挖掘，从经济状况、能源状况、能源消耗等因素对碳权资产的影响，从气候状况和政策状况的角度分析，其影响状态如图 5.1 所示，最后形成了如表 5.1 所示的因素体系。为了增强因子指标的可操作性，本书对欧盟交易市场进入第三阶段后的日交易数据进行研究，并将各对应状态的指标转化为日计量的参数。

图 5.1　碳权资产状态描述

表 5.1　碳权资产状态参考因素

碳权资产状态	参考因素（换算到日）
经济状况	GDP 增速
政策状况	CO_2 减排目标差距系数

续表

碳权资产状态	参考因素（换算到日）		
天气状况	气温（EU‐DD）		
	平均降水量		
能源状况	能源价格		原油价格
			煤炭价格
			天然气价格

1. GDP 增速

GDP 的增长可以反映当前碳权资产的经济状况，因为经济增长会带来能源消费的增加，从而带动碳排放权的需求，促进价格的上涨。在数据处理过程中，首先将每个指标的测量时间换算成天数，其中欧盟 28 国的原始 GDP 增长数据为季度数据，换算成天数时，假设每个季度的每一天都有相同的增长率。

2. 政策

碳排放权的需求来自政策，必然会受到政策的影响。政策具有不确定性，但它是可预测的。从政策制定的出发点来看，政策的提出是为了达到一定的目的。因此，减排政策可以看作是实现减排目标的目的。在一定时期内，如果当前形势与目标差距不大，政策力度会小一些，反之亦然。为了反映这一特点，满足所选特征因子的代表性和可操作性要求，本书引入了参数"CO$_2$ 减排目标差距系数"（具有可预测性，考虑一天的时滞），相当于"（日交易量－日均减排完成量）／日均减排完成量"。CO$_2$ 减排目标差距系数以 EU ETS 第三阶段减排目标为基础，即 2013—2020 年年均减排 1.74%。假设 EEX 交易所也实施这一计划，以 2012 年全年交易总量为基准，2013 年以来年均减排量为 1.74%，按日计算减排量。

3. 天气

天气层面考虑气温与降水量两个指标。

气温的降低会增加热能的消耗，进而影响排放的供需。降水量的多少会影响到依赖水力发电的行业，间接影响传统发电方式，进而影响碳排放需求。Houbert 和 De Dominics（2006）的研究结果表明，受 2005 年欧洲降水的影响，平均额外二氧化碳排放量约为 900 万吨。为了捕捉降水的影响，我们以日平均降水量为参数，选取水力发电量占总发电量比重较大的 7 个国家，即奥地利、芬兰、法国、意大利、葡萄牙、西班牙和瑞典。每个国家的平均日降水量是根据每个国家几个主要地点的平均日降水量确定的。因此，北部的降水包括芬兰和瑞典，中部的降水包括奥地利和法国，南部的降水包括意大利、葡萄牙和西班牙，覆盖了整个欧盟地区的降水。

由于气温与电力需求之间存在非线性关系，单纯用各国的日平均气温不能很好地反映气温的影响。Pardo 等（2002）指出，在处理温度非线性效应时，应采用暖度日（HDD）和冷度日（CDD）指标来分离夏季和冬季的数据。HDD 为"阈值温度－当天日均温"，CDD 则为"当天日均温－阈值温度"，Pardo 等（2002）和 Mirasgedis 等（2006）研究认为，在约18℃时，存在一个中性区，电对温度变化没有弹性，假设阈值温度为18℃。参考以上原理，设定用于测算的 DD 等于"当天日均温－阈值温度"，同时考虑欧盟 28 个成员国（仍考虑英国）主要三个地区的 DD 从而形成 EU－DD。根据仲量联行的调查 *JLL Global 300 universe*：*Economic Size*（依据人口、经济规模排名），选取欧盟 28 国中处于全球前三百的城市作为气温的研究对象。

气温和降水具体选取城市见表 5.2。

表 5.2　研究气候选取的主要城市

气温	降水
斯德哥尔摩	斯德哥尔摩
维也纳	维也纳
里昂	里昂
柏林	格拉茨
法兰克福	萨尔茨堡
汉堡	布尔日
布达佩斯	布林迪西
哥本哈根	罗马
都柏林	维罗纳
罗马	里斯本
奥斯陆	图尔库
布加勒斯特	罗瓦涅米
马德里	哥德堡
瓦伦西亚	马尔默
阿姆斯特丹	赫尔辛基

续表

气温	降水
哥德堡	巴黎
巴塞罗那	
鹿特丹	
赫尔辛基	
巴黎	

资料来源：郭怡思．模糊关联理论在碳评估市场法中的应用研究［D］．北京：首都经济贸易大学，2017.

4. 能源

在能源层面，主要通过能源价格来衡量。能源价格会对碳价格产生影响，碳价格与各种能源单位能源的碳排放量有关。一般来说，煤炭单位能源的碳排放量高于原油和天然气。当原油、天然气价格上涨时，能源用户倾向于购买价格相对较低的煤炭，碳排放权需求增加，从而影响碳价格。为了更好地反映能源状况，本书采用布伦特原油价格作为指标代表原油价格，天然气价格指标采用欧洲天然气现货市场的风向标英国天然气价格，煤炭指标则采用 ARA 煤炭价格。

（二）特征因素指标数据来源

对指标体系及其数据来源情况进行整理，如表 5.3 所示。

表 5.3　指标数据来源

指标名称	数据来源
GDP 增速	欧盟统计局
CO_2 减排目标差距系数	EEX
气温（EU－DD）	ECA&D（European Climate Assessment & Dataset）
平均降水量	ECA&D（European Climate Assessment & Dataset）
原油价格	EIA、ICE 数据库、WIND 数据端
煤炭价格	EIA、ICE 数据库、WIND 数据端
天然气价格	EIA、ICE 数据库、WIND 数据端
EUA 价格、成交量	EEX

资料来源：郭怡思．模糊关联理论在碳评估市场法中的应用研究［D］．北京：首都经济贸易大学，2017.

（三）建立交易日数据库

选取 EU ETS 进入第三阶段至 2016 年底所有可用数据的交易日作为研究对象，形成"交易日数据库"，即 2013 年 1 月 1 日至 2016 年 12 月 31 日 EEX 市场所有交易日的数据库，基于以每日交易情况为研究案例的原则，对没有交易数据或数据缺失的交易日进行剔除，最终得到 841 个交易日的研究案例库。

（四）确定特征因素隶属度

确定隶属度的方法有很多种。本书中案例之间的贴近度应该通过具体的指标值来间接衡量。因此，选择统计概率来确定隶属度。每个阻力段在一般意义上等价于评估集元素。为了便于理解，每个指标段可以描述为一个定性变量。例如，CO_2 减排目标差距系数可以分为五个级别（小、较小、中、较大、大或其他名称），其他指标可以类比。为了便于计算和解释，省略了该设置。

基于无量纲后的各项指标数据，借助 SPSS 19.0 对数据进行处理，按照特征因素指标分别进行模糊统计，得到每个指标在对应分组数值段对应的"隶属概率"，每种特征因素的分布直方图如图 5.2 至图 5.8 所示。

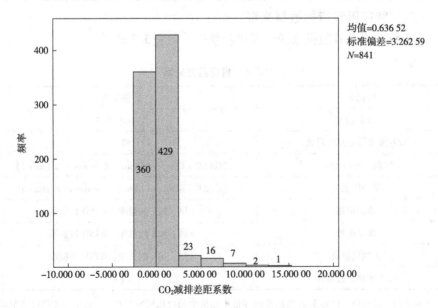

图 5.2 CO_2 减排目标差距系数直方图

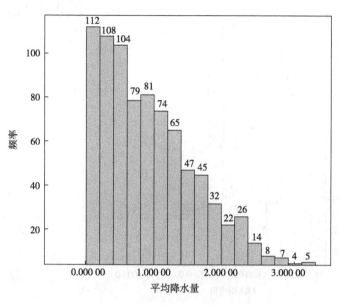

均值=0.999 94
标准偏差=0.797 72
N=841

图 5.3　降水量直方图

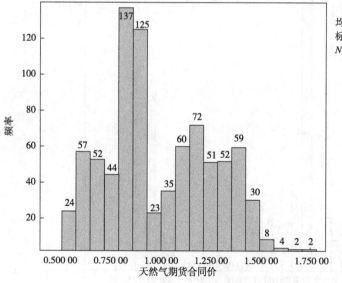

均值=0.998 67
标准偏差=30.274 92
N=841

图 5.4　天然气价格直方图

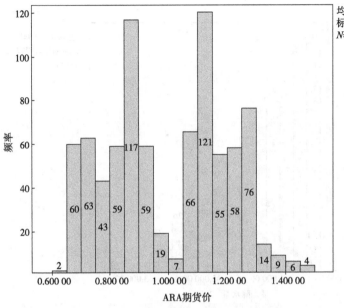

图 5.5　ARA 价格直方图

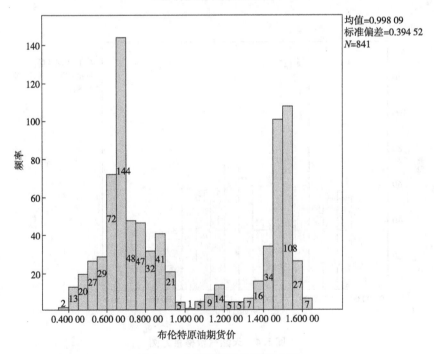

图 5.6　布伦特原油价格直方图

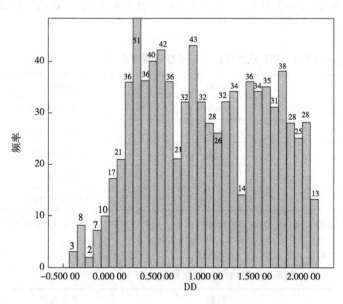

均值=0.999 40
标准偏差=0.633 00
N=841

图5.7　DD 直方图

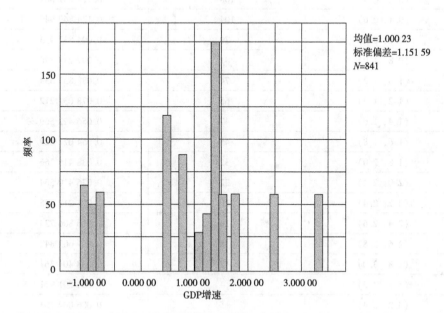

均值=1.000 23
标准偏差=1.151 59
N=841

图5.8　GDP 增速直方图

由上述图片所显示的概率分布，可计算得到如表5.4至表5.10所示的隶属度分布。

表 5.4　CO_2减排目标差距系数隶属度分布

分组	频数	隶属频率
(-2.5, 0.0)	360	0.431 137 725
(0.0, 2.5)	429	0.513 772 455
(2.5, 5.0)	23	0.027 544 910
(5.0, 7.5)	16	0.019 161 677
(7.5, 10.0)	7	0.008 383 234

资料来源：郭怡思．模糊关联理论在碳评估市场法中的应用研究［D］．北京：首都经济贸易大学，2017.

表 5.5　平均降水量隶属度分布

分组	频数	隶属频率
(0.0, 0.2)	112	0.134 453 782
(0.2, 0.4)	108	0.129 651 861
(0.4, 0.6)	104	0.124 849 940
(0.6, 0.8)	79	0.094 837 935
(0.8, 1.0)	81	0.097 238 896
(1.0, 1.2)	74	0.088 835 534
(1.2, 1.4)	65	0.078 031 212
(1.4, 1.6)	47	0.056 422 569
(1.6, 1.8)	45	0.054 021 609
(1.8, 2.0)	32	0.038 415 366
(2.0, 2.2)	22	0.026 410 564
(2.2, 2.4)	26	0.031 212 485
(2.4, 2.6)	14	0.016 806 723
(2.6, 2.8)	8	0.009 603 842
(2.8, 3.0)	7	0.008 403 361
(3.0, 3.2)	4	0.004 801 921
(3.2, 3.4)	5	0.006 002 401

资料来源：郭怡思．模糊关联理论在碳评估市场法中的应用研究［D］．北京：首都经济贸易大学，2017.

表 5.6 天然气价格隶属度分布

分组	频数	隶属频率
(0.500, 0.571)	24	0.028 673 835
(0.571, 0.643)	57	0.068 100 358
(0.643, 0.714)	52	0.062 126 643
(0.714, 0.786)	44	0.052 568 698
(0.786, 0.857)	137	0.163 679 809
(0.857, 0.929)	125	0.149 342 891
(0.929, 1.000)	23	0.027 479 092
(1.000, 1.071)	35	0.041 816 010
(1.071, 1.143)	60	0.071 684 588
(1.143, 1.214)	72	0.086 021 505
(1.214, 1.286)	51	0.060 931 900
(1.286, 1.357)	52	0.062 126 643
(1.357, 1.429)	59	0.070 489 845
(1.429, 1.500)	30	0.035 842 294
(1.500, 1.571)	8	0.009 557 945
(1.571, 1.643)	4	0.004 778 973
(1.643, 1.714)	2	0.002 389 486
(1.714, 1.786)	2	0.002 389 486

资料来源：郭怡思. 模糊关联理论在碳评估市场法中的应用研究 [D]. 北京：首都经济贸易大学，2017.

表 5.7 ARA 价格隶属度分布

分组	频数	隶属频率
(0.55, 0.60)	1	0.001 193 317
(0.60, 0.65)	2	0.002 386 635
(0.65, 0.70)	60	0.071 599 045
(0.70, 0.75)	63	0.075 178 998
(0.75, 0.80)	43	0.051 312 649
(0.80, 0.85)	59	0.070 405 728
(0.85, 0.90)	117	0.139 618 138

续表

分组	频数	隶属频率
(0.90, 0.95)	59	0.070 405 728
(0.95, 1.00)	19	0.022 673 031
(1.00, 1.05)	7	0.008 353 222
(1.05, 1.10)	66	0.078 758 950
(1.10, 1.15)	121	0.144 391 408
(1.15, 1.20)	55	0.065 632 458
(1.20, 1.25)	58	0.069 212 411
(1.25, 1.30)	76	0.090 692 124
(1.30, 1.35)	14	0.016 706 444
(1.35, 1.40)	9	0.010 739 857
(1.40, 1.45)	6	0.007 159 905
(1.45, 1.50)	4	0.004 773 270

资料来源：郭怡思. 模糊关联理论在碳评估市场法中的应用研究［D］. 北京：首都经济贸易大学，2017.

表5.8　布伦特原油价格隶属度分布

分组	频数	隶属频率
(0.35, 0.40)	2	0.002 383 790
(0.40, 0.45)	13	0.015 494 636
(0.45, 0.50)	20	0.023 837 902
(0.50, 0.55)	27	0.032 181 168
(0.55, 0.60)	29	0.034 564 958
(0.60, 0.65)	72	0.085 816 448
(0.65, 0.70)	144	0.171 632 896
(0.70, 0.75)	48	0.057 210 965
(0.75, 0.80)	47	0.056 019 070
(0.80, 0.85)	32	0.038 140 644
(0.85, 0.90)	41	0.048 867 700
(0.90, 0.95)	21	0.025 029 797
(0.95, 1.00)	5	0.005 959 476

续表

分组	频数	隶属频率
(1.00, 1.05)	1	0.001 191 895
(1.05, 1.10)	5	0.005 959 476
(1.10, 1.15)	9	0.010 727 056
(1.15, 1.20)	14	0.016 686 532
(1.20, 1.25)	5	0.005 959 476
(1.25, 1.30)	5	0.005 959 476
(1.30, 1.35)	7	0.008 343 266
(1.35, 1.40)	16	0.019 070 322
(1.40, 1.45)	34	0.040 524 434
(1.45, 1.50)	100	0.119 189 511
(1.50, 1.55)	108	0.128 724 672
(1.55, 1.60)	27	0.032 181 168
(1.60, 1.65)	7	0.008 343 266

资料来源：郭怡思. 模糊关联理论在碳评估市场法中的应用研究 [D]. 北京：首都经济贸易大学，2017.

表 5.9 DD 隶属度分布

分组	频数	隶属频率
(−0.417, −0.333)	3	0.003 575 685
(−0.333, −0.250)	8	0.009 535 161
(−0.250, −0.167)	2	0.002 383 790
(−0.167, −0.083)	7	0.008 343 266
(−0.083, 0.000)	10	0.011 918 951
(0.000, 0.083)	17	0.020 262 217
(0.083, 0.167)	21	0.025 029 797
(0.167, 0.250)	36	0.042 908 224
(0.250, 0.333)	51	0.060 786 651
(0.333, 0.417)	36	0.042 908 224
(0.417, 0.500)	40	0.047 675 805
(0.500, 0.583)	42	0.050 059 595

续表

分组	频数	隶属频率
(0.583, 0.667)	36	0.042 908 224
(0.667, 0.750)	21	0.025 029 797
(0.750, 0.833)	32	0.038 140 644
(0.833, 0.917)	43	0.051 251 490
(0.917, 1.000)	32	0.038 140 644
(1.000, 1.083)	28	0.033 373 063
(1.083, 1.167)	26	0.030 989 273
(1.167, 1.250)	32	0.038 140 644
(1.250, 1.333)	34	0.040 524 434
(1.333, 1.417)	14	0.016 686 532
(1.417, 1.500)	36	0.042 908 224
(1.500, 1.583)	34	0.040 524 434
(1.583, 1.667)	35	0.041 716 329
(1.667, 1.750)	31	0.036 948 749
(1.750, 1.833)	38	0.045 292 014
(1.833, 1.917)	28	0.033 373 063
(1.917, 2.000)	25	0.029 797 378
(2.000, 2.083)	28	0.033 373 063
(2.083, 2.167)	13	0.015 494 636

资料来源：郭怡思．模糊关联理论在碳评估市场法中的应用研究［D］．北京：首都经济贸易大学，2017.

表5.10　GDP增速隶属度分布

分组	频数	隶属频率
(−1.143, −1.000)	65	0.077 288 942
(−1.000, −0.857)	27	0.032 104 637
(−0.857, −0.714)	60	0.071 343 639
(0.429, 0.571)	119	0.141 498 216
(0.714, 0.857)	88	0.104 637 337
(0.980, 1.143)	29	0.034 482 759

续表

分组	频数	隶属频率
(1. 143, 1. 286)	43	0. 051 129 608
(1. 286, 1. 429)	175	0. 208 085 612
(1. 429, 1. 571)	59	0. 070 154 578
(1. 714, 1. 857)	59	0. 070 154 578
(2. 429, 2. 571)	59	0. 070 154 578
(3. 286, 3. 429)	58	0. 068 965 517

资料来源：郭怡思. 模糊关联理论在碳评估市场法中的应用研究 ［D］. 北京：首都经济贸易大学，2017.

其中某一值的隶属度理解成可能出现的概率，则可表示成对应隶属概率与该值所处数段位置的乘积，即有：

$$R_{ij} = 隶属概率 \times (某值 - 下临界值)/(上临界值 - 下临界值)$$

三、参照物选取的模糊关联应用

（一）被评估对象的选取

为了验证本书的理论分析思路，本部分选取 2017 年 1 月 3 日的碳价格作为评价目的，比较了根据本书思路得出的值与实际价格的差异，并分析了原因。由于比较案例之间的时间连续性，为了更好地检验结果，从 2017 年初选中选取可比交易，同时根据数据可得性原则，选取 2017 年 1 月 3 日的交易作为评价对象。

2017 年 1 月 3 日情况见表 5. 11。各指标数据在交易日数据库建立时按照数据采集方法进行计算。除 GDP 增长率外，根据彭博调查预测的数据计算。

表 5. 11　设定被评估对象所具的状态值

	CO_2 减排目标差距系数	平均降水量	DD	UK 天然气价格	ARA 价格	布伦特原油价格	GDP 日增速
无量纲前	- 0. 793 3	13. 384 6	- 1. 470 6	3. 327 0	88. 500 0	56. 140 0	0. 004 4
无量纲后	- 0. 347 7	0. 649 2	- 0. 012 4	1. 029 9	1. 327 3	0. 778 2	0. 663 0

（二）选取可比对象

本书以日常交易为研究对象，从收集的 841 组数据中，按照设定的评价案例选取可比案例，并选取指标值与评价对象接近的可比对象。根据前面的分析，能源价格的影响主要来自彼此之间的相互替代。因此，在选择可比对象时，主要依据政策、气候、经济等方面的相应指标，最终得到如表 5.12 和表 5.13 所示的可比交易日交易量。

表 5.12　无量纲前可比较交易日

日期	CO_2减排目标差距系数	平均降水量	DD	UK 天然气价格	ARA 价格	布伦特原油价格	GDP 日增速
2014/01/22	-0.794 4	16.937 5	-2.800 0	4.689	84.25	108.08	0.010 2
2014/01/23	-0.397 0	17.187 5	-1.600 0	4.730	83.61	107.58	0.010 2
2014/12/30	-0.314 8	14.437 5	-8.600 0	3.094	66.84	57.51	0.008 7
2016/01/07	0.092 5	28.769 2	-5.777 8	2.382	48.65	33.77	-0.004 9
2014/01/27	0.178 5	26.625 0	-0.450 0	4.847	82.63	106.94	0.010 2
2014/01/29	0.507 4	17.250 0	-7.736 8	5.557	83.24	107.75	0.010 2
2016/01/14	0.536 3	12.285 7	-6.611 1	2.139	45.44	30.51	-0.004 9

表 5.13　无量纲后可比较交易日

日期	CO_2减排目标差距系数	平均降水量	DD	UK 天然气价格	ARA 价格	布伦特原油价格	GDP 日增速
2014/01/22	-0.348 2	0.821 5	-0.023 7	1.451 6	1.26	1.498 2	1.526 1
2014/01/23	-0.174 0	0.833 6	-0.013 5	1.464 2	1.25	1.491 2	1.526 1
2014/12/30	-0.138 0	0.700 3	-0.072 7	1.551 2	1.24	1.492 9	1.294 9
2016/01/07	0.040 5	1.395 4	-0.048 9	0.737 4	0.73	0.468 1	-0.726 6
2014/01/27	0.078 2	1.291 4	-0.003 8	1.500 5	1.24	1.482 4	1.526 1
2014/01/29	0.222 4	0.836 7	-0.065 4	1.720 3	1.25	1.493 6	1.526 1
2016/01/14	0.235 0	0.595 9	-0.055 9	0.662 2	0.68	0.422 9	-0.726 6

（三）计算各因素的灰色关联度和权重

基于无量纲处理后的可比对象和被评估对象数据，得到矩阵 A（第一行为被评估对象，其余行列所代表的文本名称与表 5.13 对应）：

$$\begin{bmatrix} -0.347\,7 & 0.649\,2 & -0.012\,4 & 1.029\,9 & 1.327\,3 & 0.778\,2 & 0.663\,0 \\ -0.348\,2 & 0.821\,5 & -0.023\,7 & 1.451\,6 & 1.263\,6 & 1.498\,2 & 1.526\,1 \\ -0.174\,0 & 0.833\,6 & -0.013\,5 & 1.464\,2 & 1.254\,0 & 1.491\,2 & 1.526\,1 \\ -0.138\,0 & 0.700\,3 & -0.072\,7 & 1.551\,2 & 1.243\,5 & 1.492\,9 & 1.294\,9 \\ 0.040\,5 & 1.395\,4 & -0.048\,9 & 0.737\,4 & 0.729\,6 & 0.468\,1 & -0.726\,6 \\ 0.078\,2 & 1.291\,4 & -0.003\,8 & 1.500\,5 & 1.239\,5 & 1.482\,6 & 1.526\,1 \\ 0.222\,4 & 0.836\,7 & -0.065\,4 & 1.720\,3 & 1.248\,4 & 1.493\,6 & 1.526\,1 \\ 0.235\,0 & 0.595\,9 & -0.055\,9 & 0.662\,2 & 0.681\,5 & 0.422\,9 & -0.726\,6 \end{bmatrix}$$

再由公式 $\Delta_i k = \left| x_0(k) - x_i(k) \right|$，得到序列差矩阵 B：

$$\begin{bmatrix} 0.000\,5 & 0.172\,3 & 0.011\,2 & 0.421\,6 & 0.063\,7 & 0.720\,0 & 0.863\,1 \\ 0.173\,7 & 0.184\,5 & 0.001\,1 & 0.434\,3 & 0.073\,3 & 0.713\,0 & 0.863\,1 \\ 0.209\,7 & 0.051\,1 & 0.060\,3 & 0.521\,3 & 0.083\,8 & 0.714\,7 & 0.631\,9 \\ 0.388\,2 & 0.746\,2 & 0.036\,4 & 0.292\,5 & 0.597\,7 & 0.310\,1 & 1.389\,7 \\ 0.425\,9 & 0.642\,2 & 0.008\,6 & 0.470\,5 & 0.088\,0 & 0.704\,2 & 0.863\,1 \\ 0.570\,0 & 0.187\,5 & 0.053\,0 & 0.690\,3 & 0.078\,9 & 0.715\,4 & 0.863\,1 \\ 0.582\,7 & 0.053\,3 & 0.043\,5 & 0.367\,8 & 0.645\,8 & 0.355\,3 & 1.389\,7 \end{bmatrix}$$

据此得到 $\Delta_{\min} = 0.000\,49$，$\Delta_{\max} = 1.389\,66$，代入式（5.7），可得到关联系数矩阵 C：

$$\begin{bmatrix} 1 & 0.801\,8 & 0.984\,8 & 0.622\,8 & 0.916\,6 & 0.491\,5 & 0.446\,3 \\ 0.800\,6 & 0.790\,8 & 0.999\,1 & 0.615\,8 & 0.905\,2 & 0.493\,9 & 0.446\,3 \\ 0.768\,7 & 0.932\,2 & 0.920\,8 & 0.571\,7 & 0.893\,0 & 0.493\,3 & 0.524\,1 \\ 0.642\,0 & 0.482\,5 & 0.950\,9 & 0.704\,2 & 0.538\,0 & 0.691\,9 & 0.333\,6 \\ 0.620\,4 & 0.520\,0 & 0.988\,5 & 0.596\,7 & 0.888\,2 & 0.497\,0 & 0.446\,3 \\ 0.549\,7 & 0.788\,1 & 0.929\,8 & 0.502\,0 & 0.898\,7 & 0.493\,1 & 0.446\,3 \\ 0.544\,3 & 0.929\,4 & 0.941\,8 & 0.654\,4 & 0.518\,7 & 0.662\,1 & 0.333\,6 \end{bmatrix}$$

最后由式（5.8），求出可比对象与被评估对象各特征因素的灰色关联度，并依据式（5.9）得到对应权重，如表 5.14 所示。

表 5.14 特征因素对应灰色关联度和权重

	CO_2减排目标差距系数	平均降水量	DD	UK 天然气价格	ARA 价格	布伦特原油价格	GDP 日增速
灰色关联度	0.703 7	0.749 3	0.959 4	0.609 6	0.794 0	0.546 1	0.425 2
权重	0.147 0	0.156 5	0.200 4	0.127 3	0.165 9	0.114 1	0.088 8

（四）计算各因素的模糊关联度

根据有关隶属度确定的描述，将无量纲处理后的矩阵 A 代入可求取对应模糊评价矩阵 D：

交易日	CO_2减排差距系数	平均降水量	DD	UK 天然气价格	ARA 价格	布伦特原油价格	GDP 日增速
2017/01/03	0.060 0	0.011 2	0.010 1	0.017 6	0.009 1	0.031 6	0.023 2
2014/01/22	0.060 0	0.005 0	0.008 5	0.011 4	0.024 6	0.114 9	0.047 6
2014/01/23	0.030 0	0.007 9	0.010 0	0.017 8	0.007 2	0.098 3	0.047 6
2014/12/30	0.023 8	0.022 9	0.001 5	0.016 5	0.060 0	0.102 5	0.012 9
2016/01/07	0.505 4	0.036 6	0.004 9	0.017 3	0.044 6	0.008 6	0.065 0
2014/01/27	0.497 7	0.017 1	0.011 4	0.009 6	0.054 4	0.077 2	0.047 6
2014/01/29	0.468 1	0.008 6	0.002 5	0.147 0	0.067 0	0.103 9	0.047 6
2016/01/14	0.465 5	0.058 8	0.003 9	0.016 8	0.045 1	0.007 1	0.065 0

由式（5.10）可得到七个可比交易日与被评估对象之间的模糊关联度，如表 5.15 所示。

表 5.15 可比对象与被评估对象的模糊关联度

日期	2014/01/22	2014/01/23	2014/12/30	2016/01/07	2014/01/27	2014/01/29	2016/01/14
模糊关联度	0.983 7	0.984 9	0.973 5	0.917 2	0.918 6	0.901 6	0.919 1
对应价格	5.11	5.03	7.20	7.53	5.39	5.49	7.08

对可比对象的灰色关联度进行排序，可知最接近所设定可比对象的是 2014/01/22、2014/01/23 和 2014/12/30。

第二节 差异修正因素的实证分析

基于前文对碳权资产价值影响因素的研究，我们将影响因素纳入了参照物的选择过程中，这样可以避免市场法的运用出现较大的偏差。接下来我们将从市场法的基本模型对差异因素进行量化调整，以得到较为科学合理的市场法评估值。

市场法的基本模型为：

被评估资产评估值＝可比案例成交价格×交易时间差异修正系数×

交易情况差异修正系数×功能差异修正系数×⋯×实体特征差异修正系数

在碳权资产市场法评估中，交易时间是主要的调整因素。与许多资产一样，不同交易时间的交易价格也不同。此外，碳权资产的交易价格受时代背景、市场发展和认识水平的限制，早期交易案例价格较低；相关政策的颁布实施和环境条件的变化会引起碳权资产价格的波动，因此需要通过交易时间因素来修正时差对碳权资产的影响。从区域因素来看，碳权资产与房地产资产、土地资产具有相似性。它们在形式上是标准化的资产，但它们的价值却大相径庭。这是因为，一方面，碳权资产的区域属性明显，不同经济发展水平地区的工业化水平不同，环境污染的破坏程度和可修复性也不同，这使得企业可利用的环境容量也存在差异，导致各单位碳权资产对企业的贡献不同。另一方面，不同地区的产业结构和未来产业结构规划也不同，这使得单位温室气体排放的边际效益不尽相同。对企业而言，其价值体现存在差异，区域因素需要调整。行业差异不仅体现为不同行业的碳排放水平不同，还体现在碳成本对行业利润影响的差异上；行业间减排的成本和难度受行业特点和行业发展的影响。同一碳权资产对不同行业的价值不尽相同，因此有必要对行业因素进行调整。在运用市场法评估碳权资产的过程中，确定一套完整、科学的修正体系是最重要的。本节将对以上三个因素的调整可行性和调整方法进行论证。基于市场法一般模型，碳权资产的市场法模型如下：

被评估资产评估值＝可比案例成交价格×交易时间差异修正系数×

行业差异修正系数×区域差异修正系数

一、交易时间修正方法

基准日是资产评估报告的主要内容，交易时间因素的调整是市场法必要的调整之一。估价对象的价格和可比交易案例因交易时间不同而不同。当估价对象的基准日与同类案件的成交日存在差异时，应遵循估价对象的价格变化特征，修正交易时差。在房地产估价中，经常采用地价指数来调整时差，以反映地价变化的方向和程度；在市场法的实际操作中，为了消除时差的影响，常常考虑价格指数。不同的价格指数代表了相应时间段内相应商品类别的价格变化。此外，利率经常被用来调整时间因素。

在碳权资产市场法评估中，时间因素是重要的调整因素之一。如何对其进行修正，以反映不同时期碳权资产的不同价格，是本书研究的重点。碳权资产交易时间因素的调整，若简单地以价格指数或利率变动来分析，则忽略了碳权资产不同于一般商品的特点，容易产生偏差。本书拟通过能够反映碳权资产价格变化或与碳权资产价格关系密切的价格或指数来衡量碳权资产交易时间因素的差异。大量文献研究表明，碳权资产的价格受煤炭、石油、天然气等能源资源价格的影响很大，且存在相关性。价格走势与能源相似，波动性较大。受政策、制度和监管因素、市场基本面、极端天气、技术指标等多方面因素影响。化石能源在生产和生活中的使用和燃烧产生了大量的温室气体。能源价格的波动将对能源消费结构产生影响，进一步影响温室气体排放和市场对碳权资产的需求。碳权资产价格与能源价格之间的关系非常密切。因此，研究碳权资产价格与能源价格之间的关系，可以找到时间因素调整的突破口。

本书通过协整检验，分析了碳权资产价格与能源价格之间的长期均衡关系和因果关系。实证结果表明，煤炭价格对碳权资产价格具有显著的长期影响，煤炭价格与碳权资产价格之间存在格兰杰因果关系，以反映能源价格变化的煤炭价格指数作为调整碳权资产价格交易时间的因素是合理的。

（一）变量选取依据

在能源消费结构方面，截至2014年，我国三大主要化石能源中煤炭消费量占能源消费总量的65.6%，而石油、天然气分别占17.4%、5.7%（国家统计局，2016）。在能源价格方面，我国煤炭、石油、天然气等能源价格正逐步由政府主导的监管价格向市场主导的市场价格转变。2012年，《国务院办公厅关于深化电煤市场化改革的指导意见》（国办发〔2012〕57号）提出，我国将取消电煤价格双轨制；2015年，《中共中央国务院关于推进价格机制改革的若干意见》明确，将推进油田定价机制改革。能源价格市场化进入了一个新的时代。价格充分反映了市场供求关系，对市场价格起着决定性的作用。此举也将在很大程度上影响中国碳权资产的交易价格。

在本书的数据选取中，天然气占我国能源消费总量的比重很小，远低于世界平均水平。同时，大部分天然气仍由政府控制。此外，以往的实证检验表明，石油价格与碳资产价格之间不存在协整关系，石油价格对碳资产价格影响不大。因此，本书主要研究煤炭价格与碳资产价格之间的长期均衡关系。

（二）数据选取依据及来源

碳权资产价格（SZA）：深圳碳排放权交易所是我国建立的第一个碳交易试点。交易机制和经验日趋完善，交易活跃度最高。因此，我们选取 2015 年 10 月 28 日至 2016 年 10 月 28 日的碳排放权交易价格来代表碳资产的价格。数据来自深圳碳排放权交易所。

煤炭价格（COAL）：本书选取 2015 年 10 月 28 日至 2016 年 10 月 28 日秦皇岛港 5 500 大卡动力煤开仓价代表中国煤炭价格。动力煤是煤的一种分类。我国动力煤产量占煤炭总产量的 80% 以上。秦皇岛港作为"北煤南运"的核心港，也是世界上最大的煤炭出口港和散货港。其煤炭价格在一定程度上可以代表我国煤炭整体价格和市场供求水平。在国内大多数文献和研究中，秦皇岛 5 500 大卡动力煤的收盘价往往被作为代表煤炭价格的常用指标。数据来自中国商业网。

选取一年的数据作为研究对象。一方面，市场交易案例的选择和时间因素的调整需要考虑最新交易时间内的可比案例，长时间间隔没有意义。另一方面，考虑到碳排放交易刚刚运行三年，市场交易初始价格受政策影响较大，价格波动不能反映正常的市场情况；2013 年，电煤价格双轨制刚刚取消，煤价开始由市场主导。因此，选取最近一年的数据作为样本数据是合理的。

（三）实证分析及结果

经典回归分析有效性的前提是时间序列是稳定的，实时序列图是围绕一个中心值浮动的。在经济环境中，许多经济时间序列都呈现出上升或下降的趋势，没有平稳性。这样得到的回归结果容易引起"伪回归"。在此基础上，对研究变量进行单位根检验。在建立协整方程之前，采用两个变量的对数来避免模型的异方差性，并且该方法不改变原序列的协整关系。

采用 ADF 检验的方法对数据的平稳性进行检验，检验结果如表 5.16 所示。

表5.16 ADF检验结果

变量	检验形式 (C, T, K)	ADF检验值	1%临界值	5%临界值	10%临界值	p值	结论
LNSZA	(C, 0, 1)	-1.597	-3.448	-2.869	-2.571	0.483	不平稳
LNCOAL	(C, T, 0)	0.283	-3.983	-3.422	-3.134	0.999	不平稳
ΔLNSZA	(C, 0, 0)	-17.176	-2.571	-1.942	-1.616	0.000***	平稳
ΔLNCOAL	(C, 0, 0)	-18.359	-2.571	-1.942	-1.616	0.000***	平稳

资料来源：梁美健，段亚琛，孙立颖. 碳权资产市场法估值模型的构建与修正 [J]. 会计之友，2018 (16)：134 - 140.

注：*** 表示在1%的水平显著。

ADF检验结果表明，两个原始时间序列 LNSZA 和 LNCOAL 是不稳定的，它们的一阶差分序列是不稳定的。ΔLNSZA 和 ΔLNCOAL 稳定在1%的显著性水平，均为单整数，LNSZA ~ I (1)，LNCOAL ~ I (1)。两个序列对象满足同阶单次积分的前提，可以建立协整模型进行协整检验，进而判断它们之间是否存在长期均衡关系。

对变量 LNSZA、LNCOAL 建立向量自回归模型 VAR 模型，同时根据 LR、FPE、AIC、SC、HQ 信息标准判断最优滞后阶数，检验结果如表5.17所示。

表5.17 判断最优滞后阶数

Lag	LogL	LR	FPE	AIC	SC	HQ
0	410.975	NA	0.000 351	-2.278 413	-2.256 779	-2.269 810
1	1 734.127	2 624.190 000	2.26e-07	-9.627 450	-9.562 548*	-9.601 641*
2	1 741.160	13.869 510	2.22e-07	-9.644 346	-9.536 175	-9.601 331
3	1 746.112	9.710 437*	2.21e-07*	-9.649 648*	-9.498 209	-9.589 427
4	1 748.509	4.674 188	2.23e-07	-9.640 719	-9.446 012	-9.563 292
5	1 750.685	4.217 908	2.25e-07	-9.630 555	-9.392 580	-9.535 922
6	1 752.251	3.018 642	2.28e-07	-9.616 995	-9.335 752	-9.505 156
7	1 752.760	0.977 015	2.33e-07	-9.597 551	-9.273 040	-9.468 506
8	1 755.003	4.273 333	2.35e-07	-9.587 762	-9.219 983	-9.441 511

资料来源：梁美健，段亚琛，孙立颖. 碳权资产市场法估值模型的构建与修正 [J]. 会计之友，2018 (16)：134 - 140.

注：* 表示在10%的水平显著。

从表 5.18 中可以看出，LR、FPE 和 AIC 都选择三阶作为最优滞后阶，星号最多的一行为三阶。因此，VAR 模型确定的最优滞后阶数为 3，协整检验的滞后阶数为最优滞后阶数减 1。Johansen 协整检验结果如表 5.18 所示。

表 5.18　Johansen 协整检验

Hypothesized		Trace	0.05	
No. of CE（s）	Eigenvalue	Statistic	Critical Value	Prob. **
None *	0.082 305	34.226 20	20.261 840	0.000 3
At most 1 *	0.008 104	12.962 03	9.164 546	0.037 8

资料来源：梁美健，段亚琛，孙立颖. 碳权资产市场法估值模型的构建与修正［J］. 会计之友，2018（16）：134－140.

注：* 表示在 10% 的水平显著，** 表示在 5% 的水平显著。

协整检验结果表明，在显著性水平为 0.05 时，拒绝了原有的不存在协整且至少存在一个协整的假设，则 $LNSZA$ 和 $LNCOAL$ 两个变量之间存在协整关系，即序列 $LNSZA$ 和 $LNCOAL$ 之间存在长期稳定的关系。根据 Eviews 回归结果可得回归方程如下：

$$LNSZA = -1.022 \times LNCOAL + 9.810$$
$$[-25.29][40.33]$$

协整检验结果表明，碳资产价格与煤炭价格之间存在长期均衡稳定的关系。回归方程表明，煤炭价格对碳资产价格的弹性系数为 -1.022，即煤炭价格每上涨 1%，碳资产价格就会下降 1.022%。煤炭价格对碳权资产价格的影响是负的，即能源价格的上涨会导致碳权资产价格的下降。当能源价格上涨、企业生产成本增加时，将在一定程度上起到减少碳排放的作用。碳配额盈余相对增加，碳权资产价格也相应下降。

对 $LNSZA$、$LNCOAL$ 之间的格兰杰因果关系进行检验，检验结果如表 5.19 所示。

表 5.19　格兰杰因果关系检验

Null Hypothesis：	Obs	F－Statistic	Prob.
$\Delta LNCOAL$ does not Granger Cause $\Delta LNSZA$	364	3.942 97	0.020 2
$\Delta LNSZA$ does not Granger Cause $\Delta LNCOAL$		2.590 42	0.076 4

资料来源：梁美健，段亚琛，孙立颖. 碳权资产市场法估值模型的构建与修正［J］. 会计之友，2018（16）：134－140.

格兰杰因果检验结果表明，在5%显著性水平下，煤炭价格是碳权资产价格的格兰杰原因，即在时间上，煤炭价格对碳权资产价格有影响。

（四）修正方法

以2015—2016年碳权资产价格与煤炭价格数据为基础，建立碳权资产价格与煤炭价格的向量自回归模型，通过协整检验对我国碳权资产价格与煤炭价格的关系进行实证分析。结果表明，碳权资产价格与煤炭价格之间存在长期均衡关系。在长期均衡关系下，煤炭价格与碳资产价格呈负相关。碳权资产价格的短期失衡将在长期内得到调整。格兰杰因果检验表明，碳权资产价格受煤炭价格的影响。这种长期均衡关系将对碳权资产的价格变动产生一定的约束。这种联动机制的存在使得碳权资产的价格变化可以根据煤炭价格的变化进行调整。

基于以上分析，能源价格中煤炭价格的变化在一定程度上可以反映碳权资产价格的变化。这种长期均衡关系也使得煤炭价格对碳权资产价格具有一定的预测作用。煤炭价格市场化程度在我国改革进程中有了很大的进步，一些交易数据能够反映市场供求的变化。因此，在市场法评价中，利用碳资产价格与煤炭价格之间的长期均衡关系来调整交易时间因素是合理的。本书拟通过反映煤炭价格变化的煤炭价格指数来衡量不同交易时间对碳权资产交易价格的影响。

卓创资讯发布的中国煤炭价格指数能够反映全国煤炭价格的波动情况，具有一定的时效性。它的变化代表了煤炭价格变化的方向和幅度。中国煤炭价格指数以公开透明的方式提供煤炭价格变动信息，有利于公众了解市场供求和煤炭市场运行情况，为行业采购、生产、销售、投资等环节提供对价标准，为煤炭市场的定价和交易行为提供价格指导，有利于煤炭开发、定价和交易的进展和完善。卓创资讯煤炭价格指数通过对动力煤价格指数、焦煤价格指数和化学煤价格指数的加权计算，可以有效地反映中国煤炭市场的价格变化。

根据上述的实证和分析，在碳权资产的市场法评估中，时间因素的调整可以采用煤炭价格指数来实现，具体调整方法如下：

交易时间调整系数 = 1 − ［（待估资产评估基准日时点煤炭价格指数 −
可比案例交易时点煤炭价格指数）/可比案例交易时点煤炭价格指数］　　(5.11)

二、行业因素修正方法

目前，我国已建立了7个碳排放交易试点，纳入碳排放配额管理的企业涉及钢铁、水泥、化工等行业。碳权资产是碳排放配额试点企业的新资产，其收购价格是公司继续生产的新成本；而且由于工艺、市场环境、减排技术等因素的不同，减排的难度和成本也不同。碳价是市场的统一价格，但同一碳价作为企业发展过程中的额外成本，对各个行业的利润有不同的影响，这也反映了行业在减排过程中市场竞争力的大小。通过测算碳成本对各行业利润的影响，可以从侧面反映减排的难度和成本。行业碳成本对行业利润影响较大的企业，意味着企业减排难度较大。此时，在评估企业拥有的非自用、可用于二级市场交易的剩余碳权资产价值时，可根据可比交易案例所在行业的减排难度进行适当的行业差异调整。

（一）碳成本对行业利润的影响度计算

通过各行业碳排放量与碳市场平均碳价的乘积，除以行业年利润，可以粗略计算出碳成本对行业利润的影响，反映行业竞争力和不同行业间的减排难度。

碳排放量是衡量温室气体排放量的一个指标，因为二氧化碳是最重要的温室气体，也是造成温室效应的罪魁祸首，所以可以大致理解为二氧化碳排放量。根据世界银行的报告，工业生产过程中化石能源的消耗和燃烧产生的二氧化碳量占二氧化碳排放总量的70%以上。因此，二氧化碳的排放量可以通过计算各行业化石能源的消耗量间接得到。

碳成本对行业利润短期影响的计算公式如下：

$$F_i = \frac{(ED_i + EI_i) \times P}{R_i}$$

其中，F_i 是碳价格造成的额外成本在行业利润中所占的比例，反映了碳成本对行业竞争力的影响；ED_i 是行业 i 生产过程中二氧化碳的直接排放量，单位为吨（t）；EI_i 是行业 i 生产过程中二氧化碳的间接排放量，参照欧盟的做法，这里只考虑生产过程中用电造成的二氧化碳间接排放；P 是碳的平均价格，我们用 7 个交易试点年的碳交易平均价格对应二氧化碳排放量；R_i 为行业利润。

行业 i 的直接二氧化碳排放量等于各产业的能源消耗量乘以其二氧化碳排放系数。公式如式（5.12）所示。其中，ED_{ij} 是指第 i 行业能源 j 的直接消耗量，单位为吨或万标准立方米；Q_j 是二氧化碳排放系数。

$$ED_i = \sum ED_{ij} \times Q_j \tag{5.12}$$

二氧化碳排放系数的确定主要基于政府间气候变化专门委员会（IPCC）在第 2 号国家温室气体清单指南（能源）第 6 章中提供的参考方法。具体公式见式（5.13）。

$$Q_j = ER_j \times EC_j \times EO_j \times \frac{44}{12} \tag{5.13}$$

其中，ER_j 为燃料的低热值，单位为 GJ/t 或 GJ/万标准立方米；EC_j 为单位热值含碳量，单位为 tC/TJ；EO_j 是碳氧化率；44/12 表示一吨碳在氧气中燃烧后可产生约 3.67 吨二氧化碳（C 的分子量为 12，CO_2 的分子量为 44，44/12 = 3.67）（张协奎等，2001）。能源低热值数据主要来源于《中国能源统计年鉴》《省级温室气体清单研究》《万户企业能源利用》等温室气体减排文件，单位热值含碳量和碳氧化率的默认值来自《省级温室气体清单编制指南》（国家发改委，2011）。表 5.20 列出了关键参数。

表 5.20 各种化石能源 *ER*、*EC*、*EO* 参数

化石能源种类	燃料低位热值 *ER*（GJ/t 或 GJ/万标准立方米）	单位热值含碳量 *EC*（tC/TJ）	碳氧化率 *EO*
原油	42.62	20.10	0.98
汽油	44.80	18.90	0.98
煤油	44.75	19.60	0.98
柴油	43.33	20.20	0.98
燃料油	40.19	21.10	0.98
石油焦	32.00	27.50	0.98
液化石油气	47.31	17.20	0.98
炼厂干气	46.06	18.20	0.98
其他石油制品	41.03	20.00	0.98
天然气	389.31	15.32	0.99
原煤	20.91	26.37	0.99
洗精煤	26.33	25.41	0.96
其他洗煤	8.36	25.41	0.96
焦炭	28.45	29.42	0.93
焦炉煤气	173.54	13.58	0.99
高炉煤气	3.76	12.10	0.99
其他煤气	52.27	12.20	0.99

资料来源：梁美健，段亚琛，孙立颖. 碳权资产市场法估值模型的构建与修正 [J]. 会计之友，2018（16）：134 – 140.

行业 i 用电二氧化碳间接排放量计算公式见式（5.14）。行业 i 的二氧化碳间接排放量 EI_i 是将行业 i 的 Ea_i 和电力消耗的 Ce 相乘得到的。电耗碳排放系数按式（5.15）计算。

$$EI_i = Ea_i \times Ce \qquad\qquad (5.14)$$

Ce 通过对电力生产结构的分解分析得出：

$$Ce = \frac{\sum_j En_j \times ER_j \times EC_j \times Eg_j \times 44/12}{EA \times 3.6} \qquad (5.15)$$

式（5.15）中，En_j 为第 j 个能源在电耗中的输入量，单位为万吨标准煤；ER_j 为能源 j 的低位热值；EC_j 为能源 j 的单位热值的含碳量；Eg_j 为发电过程中燃料的燃烧程度；EA 为总发电量，单位为千瓦时；3.6 是千瓦时和兆焦之间的换算系数。

2014 年，中国水力、火力、核能、风力发电量分别为 10 643.4 亿千瓦时、42 686.5 亿千瓦时、1 325.4 亿千瓦时和 1 560.8 千瓦时。火力发电约占中国发电量的 75%。因此，以火力发电为主要研究对象，根据电耗碳排放系数的计算公式及表 5.21 中的相关参数计算电耗碳排放系数。

表 5.21　火力发电 En_j、Eg_j 参数

能源种类	En_j（万吨标准煤）	标准煤折千克系数 （吨标准煤/吨、万立方米）	Eg_j（100%）
焦炭	48.511 7	0.971 4	100
焦炉煤气	949.723 9	6.143 0	100
高炉煤气	1 842.606 5	1.286 0	100
其他煤气	2.071 8	3.570 1	100
原油	12.671 7	1.428 6	100
汽油	0.058 9	1.471 4	100
煤油	0.014 7	1.471 4	100
柴油	37.636 9	1.457 1	100
燃料油	50.786 7	1.428 6	100
液化石油气	0.034 3	1.714 3	100
炼厂干气	102.062 4	1.571 4	100
其他石油制品	5.958 4	1.200 0	100

续表

能源种类	En_j（万吨标准煤）	标准煤折千克系数（吨标准煤/吨、万立方米）	Eg_j（100%）
天然气	2 966.470 0	13.300 0	100
原煤	120 539.305 6	0.714 3	100
洗精煤	28.953 0	0.900 0	100
其他洗煤	1 350.026 6	0.285 7	100

资料来源：梁美健，段亚琛，孙立颖. 碳权资产市场法估值模型的构建与修正 [J]. 会计之友，2018（16）：134 – 140.

根据2015年《中国能源统计年鉴》中的"2014年中国能源平衡"，可以得到火力发电各能源的投入量，再乘以相应的低位热值和单位热值含碳量等相关系数，可以得到火力发电各能源投入相应的二氧化碳排放量，再除以2014年总发热量，单位发电量二氧化碳排放系数为225.377g/MJ。

自2013年中国第一家碳排放权交易所成立以来，纳入体系的主体大多考虑碳排放量，主要考虑碳排放的规模、强度和增长速度。工业是我国碳排放交易市场的主体。与其他行业相比，它将产生更多的二氧化碳排放权。因此，本书以工业产业的细分产业作为碳排放计量的对象。根据《中国统计年鉴》中"工业能耗"的统计指标，将工业分为41个子行业。表5.22显示了2014年二氧化碳排放和碳成本对行业利润的影响。2015年的能源数据尚未公布，无法计算。

表5.22 各细分行业年直接和间接 CO_2 排放量及碳成本对行业利润的影响

（单位：10^6 吨二氧化碳）

行 业	直接 CO_2 排放量	间接 CO_2 排放量	碳价对行业的影响（%）
烟草制品业	1.10	4.25	0.28
工美、文教、娱乐和体育用品制造业	3.17	5.91	0.68
仪器仪表制造业	0.98	6.87	0.69
汽车制造业	12.61	59.34	0.74
电气机械和器材制造业	6.17	55.55	0.94
羽毛、皮革、毛皮及其制品和制鞋业	3.65	12.29	1.06

续表

行　业	直接 CO_2 排放量	间接 CO_2 排放量	碳价对行业的影响（%）
通信、计算机和其他电子设备制造业	3.93	70.65	1.10
纺织服装、服饰业	6.07	17.28	1.11
铁路、航空航天、船舶和其他运输设备制造业	4.98	14.65	1.15
家具制造业	1.53	7.21	1.19
石油和天然气开采业	23.88	35.05	1.20
印刷和记录媒介复制业	2.12	9.03	1.28
医药制造业	24.27	24.53	1.30
专用设备制造业	11.46	35.93	1.33
废弃资源综合利用业	2.16	2.41	1.46
酒、饮料和精制茶制造业	26.22	12.97	1.49
食品制造业	24.27	18.70	1.56
燃气生产和供应业	0.49	11.26	1.73
通用设备制造业	29.41	64.25	1.88
农副食品加工业	49.25	49.65	1.92
金属制品、机械和设备修理业	0.29	0.86	2.00
木材加工和棕、竹、木、藤、草制品业	13.38	21.45	2.52
金属制品业	15.26	105.69	3.55
有色金属矿采选业	5.26	28.54	3.68
橡胶和塑料制品业	17.86	94.98	3.78
黑色金属矿采选业	16.88	38.04	4.09
纺织业	34.05	125.04	4.65
非金属矿采选业	14.07	19.59	5.04
造纸和纸制品业	38.30	51.30	7.81
开采辅助活动	4.66	2.27	8.37
煤炭开采和洗选业	114.11	76.24	8.46
化学纤维制造业	11.62	28.53	8.69
电力、热力生产和供应业	25.79	591.53	9.23
化学原料和化学制品制造业	522.84	375.48	12.79
水的生产和供应业	0.43	31.44	13.35
非金属矿物制品业	661.59	269.73	14.28

续表

行　业	直接 CO_2 排放量	间接 CO_2 排放量	碳价对行业的影响（％）
其他制造业	1.55	35.76	15.12
有色金属冶炼和压延加工业	72.90	356.95	16.44
黑色金属冶炼和压延加工业	1 440.89	470.23	66.04
石油加工、炼焦和核燃料加工业	206.73	58.32	215.01
其他采矿业	0.07	10.80	462.03

资料来源：梁美健，段亚琛，孙立颖．碳权资产市场法估值模型的构建与修正［J］．会计之友，2018（16）：134－140.

从直接排放的角度看，黑色金属冶炼和压延加工业、煤炭开采和洗选业的直接二氧化碳排放量也较大，属于重工业；从间接排放来看，重工业用电量仍然较大，但许多轻工业用电量也较大，导致二氧化碳的间接排放主要来源于用电量，如水的生产和供应业，通信、计算机和其他电子设备制造业，纺织业等。综合来看，黑色金属冶炼和压延加工业、非金属矿物制品业等仍是二氧化碳排放量最大的企业，而纺织、造纸等轻工业由于用电间接减排量较大，也面临同样的减排压力。

从碳成本对行业利润的影响程度可以看出，石油加工、炼焦和核燃料加工业、黑色金属冶炼和压延加工业、有色金属冶炼和压延加工业等子行业的碳成本对行业利润影响较大。究其原因，主要是高耗能产业产值大、能耗大、污染物排放量大，受碳成本影响较大。因此，钢铁、有色金属、造纸、化工、矿业等高耗能行业是我国减排的重点目标。同时，参考中国电力企业联合会2011年中国电力供应结构统计数据可以发现，火力发电是我国主要的发电方式，占电力供应结构的82.5％，远高于美国、日本、法国等国。在我国，燃煤发电是主要的发电方式，但这种发电结构使得一些轻工业能耗增加，碳成本对工业利润的影响增大。发达国家碳成本对产业竞争力的影响主要集中在高耗能行业；而我国少数轻工业也会受到碳成本的极大影响，如造纸及纸制品行业、纺织行业等轻工业，这是由于用电等间接成本较高造成的。

（二）修正方法

由于生产工艺和技术水平的不同，各行业的能源消耗量和碳排放量存在很大差异；由于能源消费结构和强度的不同，不同行业的企业面临着不同的减排难度和减排成本。在减排环境下，不同行业间碳成本对利润的影响存在显著差异，反映出不同行业抵御碳成本造成的利润损失的能力不同。为了将受影响行业的负面影响控制在一定范围内，对抵御能力较弱、受碳成本影响较大的行业所拥有的碳权资产的估值可以给予一定的价格倾斜。在实践中，可以将 41 个行业进行细分，将碳成本对行业影响相似的企业划分为一个类别，对不同影响类别的碳权资产进行打分。在调整市场法的行业因素时，同一行业分类中的碳权资产不需要调整；影响差异较大、不同分类的行业可以根据碳价格对行业利润的影响能力进行打分，然后进行相应的调整。如果参考案例的碳成本对行业的影响低于被评估企业所在行业的影响，则可通过乘以大于 1 的调整系数来调整参考案例的价格。

基于以上分析，行业差异调整系数公式如下：

行业差异调整系数 = 待估企业所属行业类别打分值／参照企业所属行业类别打分值

三、区域因素修正方法

从市场上现有的碳权资产交易案例来看，我国不同地区碳权资产的交易价格不同。不同地区的供需状况导致碳权资产交易价格的地区差异。从供需角度看，我国碳配额的初始分配是供给层面的自由分配，而国内外碳配额的初始分配大多是从区域分配的公平性和效率性出发考虑的，受区域因素影响较大。在需求方面，从企业这个最小的需求单位来看，企业会在碳权资产购买成本和技术减排成本之间进行选择，这也反映出由于工业化程度等地区条件的不同，减排的难度和减排的潜力不同，碳权资产交易市场对碳配额的需求也不尽相同。碳权资产与房地产资产在一定程度上具有相似性，区域因素的差异在很大程度上影响着同类产品的价格。另外，从历史发展的角度看，碳权资产的产生与经济发展的水平和进程有关，是社会发展和制度进步的产物。因此，在采用市场法对碳权资产进行评估时，应纠正地区差异。

在区域修正调整因子的确定和测算方面，本书通过对碳权资产的供求分析，得出了区域差异修正的指标体系。碳权资产的供给来源于全球减排行动。各国减排分工是各国博弈的焦点。对于一个国家来说，减排内部配置的合理性也非常重要。中国各地区之间有很大的差异。对全国碳排放总量进行区域分解，有利于实现节能减排的目标。因此，国内对碳权资产初始配置的研究大多从区域配置入手，公平与效率是区域配置的核心原则和基础。在公平方面，不同权利主体对公平内涵的理解不同，评价指标也呈现出多元化、多方面的特点。何艳秋（2015）认为，要在消费需求（即区域人口规模）、经济发展需求（即人均 GDP 和投资规模）、区域碳转移量等方面满足分配公平；对人口多、经济规模大的地区，应给予更多的碳配额。王素凤（2014）选取区域碳排放、GDP、年末人口、森林面积等公平指标，构建公平与效率的递阶优化配置模型。陈勇（2016）构建了华东地区碳排放权配置的指标体系，公平性指标综合考虑了人口增长率、区域历史排放量、能源消费等因素。杨超、吴立军（2019）认为最具代表性的五项分配原则是人均均等、产出均等、空间均等、历史排放和区域碳汇；最后，他们形成了多元综合加权分配方案，克服了单一原则下碳分配可能导致不同层次的现象。通过对试点省市排放量的分析和调查，张富利（2020）发现，资源禀赋、经济发展水平、区域人口规模、产业布局等都对碳排放的初始分配产生影响。在此基础上，他指出，应采用熵权法计算基于气候效益的区域公平和个人公平。在效率方面，学界观点较为统一，即碳权资产资源利用效率较高的地区应获得更多的碳配额，常用的评价指标主要集中在能源消费强度、资源利用效率、减排成本等方面。就碳权资产的终端需求而言，减排企业对碳权资产的需求不仅与供给量（即企业共享的碳权资产）有关，也与减排成本、减排难度有关，而随着企业自身减排技术的成熟，如果在市场上购买额外碳配额的成本低于企业技术减排的成本，那么市场对碳配额的需求就更大。由此可见，区域碳权资产的需求与区域产业发展程度和减排潜力密切相关。

本书从价差与区域差异的关系出发，参照影响碳权资产初始配置的区域因素，根据相关指标对区域进行科学划分。在实际应用中，根据分类对参考案例和待评估资产所在区域进行打分，得到区域调整系数。不同地区之间的价格差异表现为，较发达地区碳权资产交易价格普遍高于欠发达地区，主要原因是：首先，较发达地区的生产规模和投资规模较大，对碳配额的需求较大；其次，在碳资产配额配置方面，人均GDP较低的地区往往倾向于一定程度的发展，获得较多的碳资产配额；最后，发达地区碳权资产对企业价值贡献率的绝对值和相对值都较大，而且越发达的地区对环境保护的需求和力度越大，因此碳权资产的交易价格也越高。本书选取了各省区市的年GDP、各省区市的年人均GDP、居民消费水平、规模以上工业的利润总额、社会消费品零售总额和全社会固定资产投资额作为衡量区域经济发展程度的分指标，并根据聚类结果对我国区域经济发展指标进行主成分分析和聚类分析，对相似地区和地区差异较大的地区进行评分。得分越大，区域经济发展程度越好，进而得到区域经济发展程度调整系数。

一方面，鼓励区域节能减排，增强技术减排能力，促进高耗能区域的技术减排；另一方面，低能耗地区减排潜力巨大，市场可以通过技术手段获得更多的减排量，因此碳权资产的价格相对较低。第二产业增加值占 GDP 的比重和第三产业增加值占 GDP 的比重反映了各地区的产业结构。碳生产率（单位碳排放 GDP）、单位能源消费工业增加值和增加值率（工业增加值/GDP）反映了产业结构对社会、经济和环境效益的影响，这些指标可以作为衡量产业结构的细分指标。根据聚类结果，对相似区域和区域差异较大的区域进行评分。高分证明区域产业结构发展相对合理，进而得出产业结构调整系数。将表 5.23 的指标替换成 2016 年数据，并修改后续的主成分分析法和聚类分析结果。

表 5.23　区域因素调整指标体系

类型	序号	指标名称
经济发展程度	X_1	各省区市各年度地区生产总值（亿元）
	X_2	各省区市各年度人均 GDP（元/人）
	X_3	居民消费水平（元）
	X_4	规模以上工业利润总额（亿元）
	X_5	全社会固定资产投资（亿元）
	X_6	全社会消费品零售总额（亿元）
产业结构	X_7	碳生产力（万元/tC）＝GDP/年二氧化碳排放量
	X_8	单位能耗带来的工业增加值（万元/tC）＝工业增加值/年二氧化碳排放量
	X_9	第三产业增加值占 GDP 的比重
	X_{10}	第二产业增加值占 GDP 的比重
	X_{11}	人均二氧化碳排放量（tC/人）
	X_{12}	增加值率＝工业增加值/GDP

资料来源：梁美健，段亚琛，孙立颖．碳权资产市场法估值模型的构建与修正［J］．会计之友，2018（16）：134－140.

（一）数据来源

因 2017 年的各省区市能源消费量数据尚未发布，因此，本书选取 2016 年的统计数据进行相关实证研究，以探索碳权资产区域调整的市场化方法。在计算二氧化碳排放量时，相关数据和计算方法与本书提出的行业调整因子相一致。西藏自治区、香港特别行政区、澳门特别行政区及台湾的部分数据无法获得，故将其剔除在外。

（二）实证分析及结果

在这部分实证分析中，首先采用主成分分析法对各指标进行降维，筛选、提取和计算主成分，然后对各指标的主成分进行聚类，得到各区域的分类结果，并据此得分，得到区域差异的修正系数。

主成分分析的本质是降维。在实际研究中，在保证综合完整性的前提下，大量的数据变量必然存在相关性，这使得变量提供的一些信息相互重叠。主成分分析可以用较少的变量代替较多的变量来解决这种相关性，原始的变量信息用少量的变量来表示。根据研究对象的特点，可以进行聚类分析。聚类分析将相似数据或值间距离最短的数据进行组合。由于各数据指标的大小和维度不同，首先要对其进行标准化。

1. 经济发展程度指标实证检验

在进行主成分分析之前，需要对数据进行相关性检验。如表 5.24 所示，检验结果表明，Bartlett 球度检验统计量为 307.266，检验的 p 值为 0，表明代表经济发展程度的几个变量之间存在较强的相关性。KMO 统计量为 0.707，高于 0.7，说明样本数据适合进行主成分分析。

表 5.24　KMO 和 Bartlett 球度检验

Kaiser – Meyer – Olkin 取样适切性量数		0.707
Bartlett 球度检验	近似卡方	307.266
	自由度	15
	显著性	0.000

选择特征值大于 1 的主成分，总方差解释如表 5.25 所示。

表 5.25　总方差解释

成分	初始特征值			提取载荷平方和		
	总计	方差百分比	累计方差贡献率	总计	方差百分比	累计方差贡献率
1	4.253	70.891	70.891	4.253	70.891	70.891
2	1.520	25.333	96.223	1.520	25.333	96.223
3	0.120	1.995	98.218			
4	0.061	1.010	99.228			
5	0.040	0.662	99.890			
6	0.007	0.110	100.000			

资料来源：梁美健，段亚琛，孙立颖. 碳权资产市场法估值模型的构建与修正 ［J］. 会计之友，2018（16）：134－140.

由表 5.26 可知，第一主成分的特征根为 4.253，占总特征根的 70.891%，即第一主成分代表原始变量信息的 70.891%，即第一主成分已经可以解释原始变量；第二主成分的特征根为 1.520，方差贡献率为 25.333%。两个主成分的累积方差贡献率在 80% 以上，为 96.223%。它基本能反映原始样本数据的全部信息。在基本保留原样本信息的情况下，用两个主成分代替之前的六个指标，抽取的两个主成分的因子载荷矩阵如表 5.26 所示。

表 5.26　主成分的因子载荷矩阵

	成分	
	1	2
Zscore（各省区市各年度地区生产总值）	0.936	0.318
Zscore（各省区市各年度人均 GDP）	0.224	0.962
Zscore（居民消费水平）	0.150	0.977
Zscore（规模以上工业利润总额）	0.936	0.286
Zscore（全社会固定资产投资）	0.958	-0.062
Zscore（全社会消费品零售总额）	0.929	0.318

资料来源：梁美健，段亚琛，孙立颖．碳权资产市场法估值模型的构建与修正［J］．会计之友，2018（16）：134－140.

根据因子载荷矩阵，可以计算得到如表 5.27 所示的特征向量矩阵。

表 5.27　特征向量矩阵

t1	t2
0.257	0.009
-0.098	0.496
-0.126	0.518
0.262	-0.009
0.332	-0.207
0.254	0.010

资料来源：梁美健，段亚琛，孙立颖．碳权资产市场法估值模型的构建与修正［J］．会计之友，2018（16）：134－140.

将经济发展程度类原始变量标准化后的变量称为 ZX_1，ZX_2，…，ZX_6，根据特征向量矩阵，得到两个成分的计算公式为：

$$Y_1 = 0.257 \times ZX_1 - 0.098 \times ZX_2 - 0.126 \times ZX_3 + 0.262 \times ZX_4 +$$
$$0.332 \times ZX_5 + 0.254 \times ZX_6$$

$$Y_2 = 0.009 \times ZX_1 + 0.496 \times ZX_2 + 0.518 \times ZX_3 - 0.009 \times ZX_4 -$$
$$0.207 \times ZX_5 + 0.010 \times ZX_6$$

利用以上得到的主成分指标 Y_1 和主成分指标 Y_2 ，使用系统聚类中的 Ward's method，再使用平方欧式距离的度量方法，对主成分进行聚类分析，聚类结果如表5.28所示。

表5.28　根据经济发展程度对地区分类的结果

类别	地　　区
第一类	海南、青海、宁夏、贵州、甘肃、山西、云南、新疆、江西、广西、吉林、黑龙江、重庆、陕西
第二类	安徽、湖南、河北、四川、湖北、河南、辽宁、福建、内蒙古、浙江
第三类	江苏、山东
第四类	北京、上海、天津、广东

资料来源：梁美健，段亚琛，孙立颖. 碳权资产市场法估值模型的构建与修正［J］. 会计之友，2018（16）：134－140.

2. 产业结构指标实证检验

如表5.29所示，Bartlett球度检验统计量为338.509，检验的 p 值显著为0；而KMO统计量为0.645，大于0.5，表明原始变量之间具有较强的相关关系，说明产业结构类样本数据可以作主成分分析。

表5.29　KMO 和 Bartlett 球度检验

Kaiser – Meyer – Olkin 取样适切性量数		0.645
Bartlett 球度检验	近似卡方	338.509
	自由度	15
	显著性	0.000

如表5.30所示，按照特征值大于1的原则提取了两个主成分，这两个主成分解释的方差占总方差的80.013%，可以代表样本指标中的大部分信息。

表5.30　总方差解释

成分	初始特征值			提取载荷平方和		
	总计	方差百分比	累计方差贡献率	总计	方差百分比	累计方差贡献率
1	2.968	49.465	49.465	2.968	49.465	49.465
2	1.833	30.548	80.013	1.833	30.548	80.013
3	0.788	13.134	93.147			
4	0.335	5.577	98.723			
5	0.077	1.277	100.000			
6	5.809E−07	9.681E−06	100.000			

提取的两个主成分的因子载荷矩阵如表5.31所示。

表5.31　主成分的因子载荷矩阵

	成分	
	1	2
Zscore（碳生产力）	−0.287	0.779
Zscore（单位能耗带来的工业增加值）	0.965	−0.033
Zscore（第三产业增加值占GDP的比重）	0.015	0.962
Zscore（第二产业增加值占GDP的比重）	0.069	−0.800
Zscore（人均二氧化碳排放量）	0.769	−0.286
Zscore（增加值率）	0.965	−0.034

由因子载荷矩阵计算得到特征向量（如5.32所示）。

表5.32　特征向量矩阵

$t1$	$t2$
−0.040	0.335
0.397	0.082
0.104	0.451
−0.052	−0.367
0.290	−0.056
0.397	0.082

产业结构类原始变量标准化后的变量名称分别为 ZX_7，ZX_8，$\cdots$，ZX_{12}，根据特征向量矩阵，得到两个主成分的计算公式为：

$$Y_3 = -0.040 \times ZX_7 + 0.397 \times ZX_8 + 0.104 \times ZX_9 - 0.052 \times ZX_{10} + 0.290 \times ZX_{11} + 0.397 \times ZX_{12}$$

$$Y_4 = 0.335 \times ZX_7 + 0.082 \times ZX_8 + 0.451 \times ZX_9 - 0.367 \times ZX_{10} - 0.056 \times ZX_{11} + 0.082 \times ZX_{12}$$

用 Ward's method 对主成分 Y_3 和 Y_4 进行聚类分析，聚类结果如表 5.33 所示。

表 5.33　根据产业结构对地区分类的结果

第一类	贵州、甘肃、黑龙江、云南、上海、海南
第二类	山西、内蒙古、宁夏、新疆、吉林、安徽、河南、河北、陕西、辽宁、青海、山东
第三类	福建、江西、浙江、湖南、重庆、天津、四川、江苏、湖北、广西、广东
第四类	北京

（三）修正方法

碳权资产是经济发展到一定阶段的制度安排的产物。在不同的经济发展阶段和经济发展程度下，碳权资产的价格表现是不同的。碳权资产类似于房地产或土地，具有明显的地域特征。本书从供给和需求的角度，探讨了区域经济发展和产业结构对碳权资产价格的影响。一般而言，欠发达地区碳权资产对企业价值贡献的绝对值和相对值可能较小，交易价格普遍低于发达地区；发达地区的产业结构比较合理，单位环境破坏力的边际收益较高，交易价格也较高。本书从经济发展程度和产业结构两个方面构建了区域因子修正指标体系，并运用主成分分析和聚类分析对 30 个省区市进行了分类。分类结果分别见表 5.28 和表 5.33。

基于以上分析，在碳权资产市场法评估中，可以通过上述方法对地区差异的修正进行分类，从而在一定程度上避免评估的主观性。在实际应用中，评估专家根据被评估资产的区域特征和可比案例的参照对象，从经济发展程度和产业结构两个方面对区域进行分类，并进行相应的打分。同一类别中具有相似区域特征的碳权资产的交易价格也比较接近。根据表 5.28，可以对区域经济发展程度进行打分。经济发展程度越高，得分越高，进而得到反映经济发展程度的区域调整系数。根据产业结构区域聚类结果（见表 5.33），利用专家打分，产业结构越合理，减排能力越高，资源利用效率越高，得分越高，进而得出区域产业结构调整系数。

基于以上分析，区域差异调整系数公式如下：

区域差异调整系数 = 待估企业所在区域类别打分值/参照企业所在区域类别打分值

第三节　市场法评估碳权资产的模型应用

一、例证背景

随着节能减排工作的深入，碳权资产作为一种适应社会发展的新型资产，已成为企业发展的关键资产。本书从资产评估的角度探讨了碳权资产的定义。本书的研究对象是狭义碳权资产中的配额碳排放权。本书中的碳权资产是指碳排放权。评估的目的是为参与市场交易活动的配额碳权资产定价提供参考。从市场法评估的思路入手，分析了市场法在碳权资产评估中的适用性，从时间因素调整、行业因素调整和区域因素调整三个方面提出了碳权资产评估的思路和方法，并运用相关的实证方法进行理论论证。本部分通过虚拟实例方法，将上述市场法调整思路和方法应用于碳权资产评估，并论证市场法评估在碳权资产评估操作中的具体步骤。

拟评估的资产为 A 企业拥有的碳权资产，可在二级市场交易。企业位于湖北省，属于有色金属冶炼和压延加工业。评估基准日为 2016 年 12 月 12 日，为验证模型的适用性和合理性，可比交易价格为各交易案例区碳排放权交易所的交易价格。本书采用市场法对待估资产进行评估，选取的可比交易案例信息如表 5.34 所示。

表 5.34　可比案例信息

可比案例	涉及企业	所属行业	区域	交易完成时间	可比交易价格（元）
可比案例 B	B 公司	非金属矿采选业	深圳	2016 年 11 月 14 日	26.78
可比案例 C	C 公司	有色金属冶炼和压延加工业	广东	2016 年 8 月 25 日	14.30
可比案例 D	D 公司	石油和天然气开采业	湖北	2016 年 5 月 3 日	16.78

二、评估过程

市场法评估模型如下：

待估资产价格＝参照案例交易价格×交易时间调整系数×

区域差异调整系数×行业差异调整系数

（一）交易时间调整系数

根据式（5.11）可知，交易时间调整系数 = 1 - （待估资产评估基准日时点煤炭价格指数 - 可比案例交易时点煤炭价格指数）/可比案例交易时点煤炭价格指数，可计算得到 3 个可比参照案例的交易时间调整系数，如表 5.35 所示。

表 5.35 交易时间因素调整

评估对象	日　　期	煤炭价格指数	交易时间调整系数
待估对象 A	2016 年 12 月 12 日	852.39	—
可比案例 B	2016 年 11 月 14 日	823.32	0.965
可比案例 C	2016 年 8 月 25 日	618.47	0.622
可比案例 D	2016 年 5 月 3 日	575.30	0.518

（二）行业差异调整因素

根据表 5.22 中全国工业行业 41 个子行业碳成本对行业的影响程度，将碳成本对行业影响相似的企业划分为一类，作为行业分类的依据，并据此得分。碳成本对行业的影响越小，得分越低。分类评分结果如表 5.36 所示。

表 5.36 碳成本对行业的影响 F_i 的范围分类和评分

碳成本对行业的影响 F_i 的范围	评分
$0 \leqslant F_i < 2\%$	100
$2\% \leqslant F_i < 5\%$	101
$5\% \leqslant F_i < 10\%$	102
$10\% \leqslant F_i < 15\%$	103
$15\% \leqslant F_i < 20\%$	104
$20\% \leqslant F_i$	105

根据表 5.37 和本案例行业信息，计算得到 3 个可比参照案例的行业差异调

整系数，如表 5.37 所示。

表 5.37 行业因素调整

评估对象	所属行业	碳成本对行业的影响 F_i 的范围	行业因素评分	行业差异调整系数
待估对象 A	有色金属冶炼和压延加工业	$15\% \leqslant F_i < 20\%$	104	—
可比案例 B	非金属矿采选业	$5\% \leqslant F_i < 10\%$	102	1.020
可比案例 C	有色金属冶炼和压延加工业	$15\% \leqslant F_i < 20\%$	104	1.000
可比案例 D	石油和天然气开采业	$0 \leqslant F_i < 2\%$	100	1.040

（三）区域差异调整系数

根据本书对全国 30 个省区市进行的区域划分，从经济发展程度和产业结构两方面对区域进行分类并由专家进行打分。

表 5.28 按经济发展程度划分了区域。经济发展程度从第一类逐步提高到第四类。经济发展程度越高，得分越高。以第一类为比较基准，第二、三、四类在此基础上浮动，得出反映经济发展程度的区域调整系数，如表 5.38 所示。

表 5.38 经济发展程度区域分类打分

类别	第一类	第二类	第三类	第四类
评分	100	101	102	103

表 5.38 从产业结构角度对区域进行了分类。从第一类到第四类，产业结构越来越合理。产业结构越合理，减排能力越高，资源利用效率越高。以第一类为比较基准，第二、三、四类在此基础上浮动，得出反映产业结构合理程度的区域调整系数，如表 5.39 所示。

表 5.39 产业结构区域分类打分

类别	第一类	第二类	第三类	第四类
评分	100	101	102	103

综上，计算得到 3 个可比参照案例的区域差异调整系数，如表 5.40 所示。

表 5.40　区域因素调整

评估对象	区域	以经济发展程度为依据所划分的区域所属类别	以产业结构为依据所划分的区域所属类别	经济发展程度评分	产业结构评分	区域差异调整系数	
						经济发展程度调整系数	产业结构调整系数
待估对象 A	湖北	第二类	第三类	101	102	—	—
可比案例 B	深圳	第四类	第三类	103	102	0.981	1.000
可比案例 C	广东	第四类	第三类	103	102	0.981	1.000
可比案例 D	湖北	第二类	第三类	101	102	1.000	1.000

三、市场法评估结果

表 5.41 展示了市场法的评估结果。

表 5.41　市场法评估结果

评估对象	可比交易价格（元）	交易时间调整系数	区域差异调整系数		行业差异调整系数	调整后的交易价格（元）
			经济发展程度调整系数	产业结构调整系数		
可比案例 B	26.78	0.965	0.981	1.000	1.020	25.859
可比案例 C	14.30	0.622	0.981	1.000	1.000	8.726
可比案例 D	16.78	0.518	1.000	1.000	1.040	9.040

对三个可比交易案例调整后的交易价格进行加权计算，得到待评估对象 A 的市场价值如下：

$$P_A = （25.859 + 8.726 + 9.040）/3 = 14.542 \, 元$$

为了验证市场法评价模型的适用性和合理性，本书可比案例的交易价格为深圳、广东、湖北碳排放权交易所的交易价格。通过以上计算和调整，待估公司 A 最终市场价值为 14.542 元，与 12 月 12 日湖北省碳排放权交易所 19 元的交易价格接近，证明市场法模型和调整方法是合理的。但不足之处在于可比交易案例调整价格简单加权平均的合理性，可比案例的选择和可比性是未来研究的重点和难点之一。

第六章

碳权资产收益法估值模型
构建及应用

第一节 收益法基本模型

资产评估中收益法的原理是评估人员合理估计被评估资产在未来期间的预期收益，选择恰当的收益率，折算为现值，并将未来各期现值累加起来得到被评估资产价值的一种方法。收益法的应用包含三个参数，分别是收益额、折现率、收益期限。

一、收益额

无形资产收益额的估算可以采用收益分成率法。收益额的估算主要是估计碳权资产未来能够为企业带来的收益，企业财务报表披露的是企业总资产的收益，碳权资产作为企业的一项无形资产，能够在企业运营过程中对企业收益产生贡献。本书通过收益分成率法，先估算资产的总收益，然后将其在目标无形资产和产生总收益过程中做出贡献的所有有形资产和其他无形资产之间进行分成（王春萌，2018），得到碳权资产收益额。如何确定无形资产的收益贡献和如何在无形资产之间进行收益的分成是收益额测算的关键。本书采用可比公司法对碳权资产收益额进行合理预测。

可比公司法即上市公司对比法，是指评估人员根据拥有被评估资产的企业的特征，选择同行业的上市公司作为可比企业。可比企业与被评估对象所在的企业处于同一行业的同时，还要拥有相同的无形资产，能够与被评估对象一样发挥作用，为企业带来收益。通过可比公司中无形资产所创造收益占全部收入的比例来估算可比公司相关无形资产的分成率，再以可比公司中相关无形资产分成率为基准，估算被评估对象无形资产的分成率。公式可表示为：

$$被评估对象收益额 = 企业总收益 \times \alpha \times \beta$$

其中，α 表示公司无形资产占全部资产的比例，β 表示同类无形资产占全部无形资产的比例。在实务操作中，用 $EBITDA$ 来代替企业总收益，若 W 表示被评估对象收入分成率，S 表示销售收入，则公式可以表示为：

$$EBITDA \times \alpha \times \beta = W \times S$$

$$W = \frac{EBITDA \times \alpha \times \beta}{S}$$

可比公司法的实质就是将可比公司中相关无形资产的分成率通过逻辑推导合理地计算出来，由于被评估对象所在公司与可比公司相似，因此可以理解为被评估资产也能为企业带来相同的收益贡献，从而估算出被评估对象的未来收益额。

二、折现率

将被评估资产未来预期收益折算为现值的比率即为折现率，它是一种预期报酬率。被评估资产最终的价值，需要通过折现率折现才能确定，折现率的大小对现值影响较大，因此应当在考虑宏观风险和微观风险情况的同时，结合口径选择的问题，合理确定折现率。折现率的确定方法包括风险累加法、资本资产定价模型和加权平均资本成本模型。

（一）风险累加法

风险累加法是考虑被评估资产面临的风险，将报酬率分为无风险报酬率和风险报酬率，分别确定再将它们累加得到折现率，公式可以表示为：

无形资产折现率 = 无风险报酬率 + 风险报酬率

（二）资本资产定价模型

资本资产定价模型（CAMP）是通过探讨证券市场中资产的预期收益率与风险资产之间的关系来确定折现率，其表达式为：

$$R_I = R_f + \beta(R_m - R_f)$$

其中，R_f 表示无风险报酬率，R_m 表示市场回报率，R_I 表示资产 i 的报酬率，β 表示资产 i 的系统风险。

（三）加权平均资本成本模型

加权平均资本成本模型包括加权平均资产回报率（WARA）和企业加权平均资本成本率（WACC）。加权平均资产回报率（WARA）是以各项资产在企业全部资产中所占的比重为权数，对各资产的回报率进行加权平均得到的。企业全部资产主要分为无形资产、固定资产和流动资产。其表达式为：

$$WARA = R_i \times \frac{无形资产}{全部资产} + R_F \times \frac{固定资产}{全部资产} + R_c \times \frac{流动资产}{全部资产}$$

其中，R_i 表示无形资产报酬率，R_F 表示固定资产报酬率，R_c 表示流动资产报酬率。

由于投资流动资产所承担的风险相对最小，相对应的期望回报率应最低。在实务中一般取一年内平均银行贷款利率作为投资流动资产期望回报率。固定资产期望回报率确定的方法有多种，比较常见的做法是：企业固定资产投资包括部分自有资金加上银行借款，假定自有资金占比为 X，银行贷款占比则为

$1-X$，加权可得固定资产的投资期望回报率：

$$R_F = X \times R_e + (1 - X) \times R_d(1 - T)$$

其中，R_e 为股权回报率，R_d 取 5 年及 5 年以上期银行贷款利率。

企业加权平均资本成本率（WACC）是通过测算企业权益资本和债权资本的加权平均资本成本得到的，其表达式为：

$$WACC = R_e \times \frac{E}{E + D} + R_D \times \frac{D}{E + D} \times (1 - T)$$

其中，R_e 表示权益资本报酬率，R_D 表示债务资本报酬率，E 表示权益资本，D 为债权资本。

三、收益期限

在确定碳权资产的收益期限时，不仅要考虑所在企业寿命，还需要考虑环境变化和国家政策对其的影响。同时，由于碳交易市场的政策法规和制度设计的不同，对收益年限的确定也有影响，例如上海碳交易所一次发放三年的配额，而湖北碳交易所规定未经交易的配额过期即注销。因此，要根据碳权资产所在市场的实际情况确定收益期限。

第二节　案例分析

根据以上分析，碳权资产这一新型无形资产能够对企业收益带来贡献，火电企业二氧化碳排放总量占我国排放总量的三分之一。在全国碳排放交易市场建立之初，只有电力行业被纳入排放控制范围，因此本书以纳入控排范围的电力企业为评估对象，采用收益法对未来收益进行折现评估碳权资产价值。

一、案例背景

A 公司成立于 2000 年，位于浦东新区的东北端，是上海和华东地区的大型发电企业。主要从事火力发电、对外供热蒸汽、综合利用等，粉煤灰及其他相关配套产品的生产和销售（专项审批除外）。公司的热电联产机组容量大，效率高。目前，公司拥有国内单机容量最大、技术水平最高的两台 90 万千瓦超临界进口燃煤发电机组。2004 年，公司两台机组相继投运，年发电量约 100 亿千瓦时，是上海和华东地区的重要能源基地。公司所属火电企业属重点排污单位，但为了顺应低碳经济和新能源产业发展趋势，紧密结合国家能源和产业政策指导，A公司加强脱硫、脱硝、除尘、污水处理等环保设施的运行维护管理，为确保各项污染物排放符合国家和属地环境管理要求，加强固体废物和危险废物管理，严格执行有关环境管理法律法规。同时，根据上海能源交易所公布的控排企业名单，A公司也积极参与碳配额市场交易，促进节能减排。本书选取A公司为研究对象，对其碳权资产在2018年12月31日的价值进行评估。

二、可比对象选取

本书运用可比公司法对收益额进行预测，因此从同一行业中选取了3家上市的火电企业作为可比对象，分别为广州恒运企业集团股份有限公司（公司简称：穗恒运A）、国投电力控股股份有限公司（公司简称：国投电力）、华能国际电力股份有限公司（公司简称：华能国际）。穗恒运A、国投电力、华能国际主营火力发电，排放的废气对环境污染严重，因此公司高度重视节能环保，致力于建设"环境友好型企业"，积极参与所在地区的碳排放交易，其中穗恒运A、国投电力把当年剩余的碳权资产作为无形资产确认，华能国际虽未确认碳权资产，但把碳权资产交易收入在报表中进行了披露。

三、参数确定

（一）收益额

1. 分成率的计算

本书采用可比公司法确定碳权资产对收益的贡献。由于碳权交易市场起步晚，碳权资产的会计确认的理论尚不完善，国投电力只对碳权资产进行两年的确认，华能国际只在2017年对碳排放配额交易的收入在营业外收入中进行披露，因此本书只能选取国投电力2016—2017年和华能国际2017年的数据进行分析。穗恒运A对碳权资产的确认比较早，数据比较完善，因此选取穗恒运A2015—2017年的数据进行分析。可比公司的基本财务数据如表6.1所示。

表6.1　可比公司基本财务数据　　　　　　　单位：元

	时　间	国投电力	穗恒运A
营运资金	2015/12/31	11 558 879 523.79	1 844 506 578.94
	2016/12/31	10 620 170 420.22	2 497 944 011.50
	2017/12/31	12 275 127 471.24	2 136 132 507.18

续表

	时 间	国投电力	穗恒运 A
有形非流动资产	2015/12/31	16 697 936 2187. 83	6 443 164 942. 95
	2016/12/31	187 934 033 556. 61	6 577 928 206. 47
	2017/12/31	191 518 552 979. 00	6 864 311 260. 54
无形非流动资产	2015/12/31	5 006 539 456. 22	84 706 315. 54
	2016/12/31	4 736 826 341. 54	110 591 464. 90
	2017/12/31	4 494 322 111. 95	198 256 655. 17

根据以上数据，计算可比公司的资本结构，如表6.2所示。

表6.2 可比公司资本结构 单位:%

	时 间	国投电力	穗恒运 A
营运资金	2015/12/31	6. 30	22. 03
	2016/12/31	5. 22	27. 19
	2017/12/31	5. 89	23. 22
有形非流动资产	2015/12/31	90. 97	76. 96
	2016/12/31	92. 45	71. 60
	2017/12/31	91. 95	74. 62
无形非流动资产	2015/12/31	2. 73	1. 01
	2016/12/31	2. 33	1. 20
	2017/12/31	2. 16	2. 16

再计算可比公司碳权资产的分成率，如表6.3所示。

表6.3 可比公司分成率 单位:%

对比公司	时 间	无形资产占比	碳权资产占比	EBITDA/营业总收入	碳权资产提成	平均
国投电力	2015/12/31	2. 73	0. 000 0	73. 48	0. 000 0	0. 000 4
	2016/12/31	2. 33	0. 001 0	68. 47	0. 000 7	
	2017/12/31	2. 16	0. 000 2	59. 98	0. 000 1	

续表

对比公司	时间	无形资产占比	碳权资产占比	EBITDA/营业总收入	碳权资产提成	平均
穗恒运A	2015/12/31	1.01	0.178 5	43.58	0.077 8	0.081 1
	2016/12/31	1.20	0.162 7	42.44	0.069 0	
	2017/12/31	2.16	0.424 7	22.71	0.096 5	

EBITDA 即息税折旧及摊销前利润,从表 6.3 可以看出,碳权资产对现金流的贡献占销售收入的比例分别为 0.000 4%、0.081 1%。根据华能国际报表披露的碳排放权收入计算得到 2017 年其对现金流的贡献占销售收入的比例为 0.011 4%。三家可比公司均为火电行业的代表性企业,其碳权资产贡献率应当可以反映国内相同行业的水平,因此以三家公司的平均值作为碳权资产的贡献率,即 $W = 0.031\%$。

2. 未来收益预测

A 公司销售收入变化如图 6.1 所示,2014—2015 年由于全社会经济增速放缓用电需求低迷,火电销售收入下降明显,A 公司 2014 销售收入下降幅度达 22.26%,2016 年销售收入开始攀升,现阶段经济回暖推动发电量增长,也促进电力行业销售收入的增长。根据业内人士对电力行业的预测,未来五年我国电力行业的复合增长率约为 8.12%,2005—2013 年经济低迷前,A 公司的平均销售收入增长率为 1.04%,本书以此作为五年后销售收入的增长率。

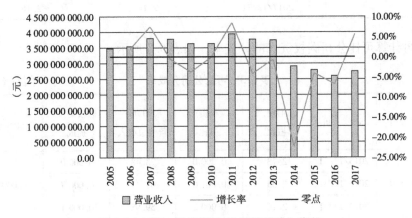

图 6.1　2015—2017 年 A 公司销售收入变化

A 公司未来五年碳权资产收益贡献预测如表 6.4 所示，2023 年后的碳权资产收益贡献预测如表 6.5 所示。

表 6.4 A 公司未来五年碳权资产收益贡献预测

年份	2018	2019	2020	2021	2022
营业收入（元）	2 973 523 588.24	3 214 973 703.60	3 476 029 568.33	3 758 283 169.28	4 063 455 762.63
增长率（%）	8.12	8.12	8.12	8.12	8.12
W（%）	0.031	0.031	0.031	0.031	0.031
碳权资产收益（元）	921 792.31	996 641.85	1 077 569.17	1 165 067.78	1 259 671.29

表 6.5 A 公司 2023 年后碳权资产收益贡献预测

年份	2023	2024	2025	…
营业收入（元）	4 393 408 370.55	4 439 166 363.28	4 485 400 932.22	…
增长率（%）	1.04	1.04	1.04	1.04
W（%）	0.031	0.031	0.031	0.031
碳权资产收益（元）	1 361 956.59	1 376 141.57	1 390 474.29	…

（二）折现率

本书依据被评估资产的属性，采用加权平均资本成本模型，通过回报率拆分法，逆向分析被评估对象的折现率。首先假设被评估对象的折现率等于该企业无形资产的折现率，企业所有资产的加权平均收益率等于或接近企业税前资本成本的加权平均收益率。这样，剔除税前个别资产的预期收益率后，企业全部资产的加权平均收益率就可以倒推出来，得到企业无形资产的折现率，即被评估资产的折现率。

1. 债务资本成本

债务资本成本是公司因借用其他企业或金融机构资金而支付给债权人的一种资金回报，它包括借款或者债券的利息和筹资费用。由于 A 公司没有上市的债券，因此选用可比公司法计算债务资本成本。可比公司债券基本情况如表 6.6 所示。

表 6.6 可比公司公司债券基本情况 单位:%

债券代码	发行日	到期日	利率	平均
A	2012/06/15	2019/06/15	4.75	
B	2015/10/16	2020/10/16	3.87	4.57
C	2014/11/01	2019/11/01	5.10	

使用公司债券平均利率作为税前债务资本成本，税后债务资本成本需要考虑所得税的影响，税后债务资本成本＝税前债务资本成本×（1－所得税税率）。A公司所得税税率为25%，因此得到税后债务资本成本为3.43%。

2. 股权资本成本

（1）无风险报酬率

无风险报酬率也称无风险收益率，是指只受系统风险影响的证券投资组合的回报率，通常以长期国债的收益率来表示。本书依据中央国债登记结算有限公司发布的2017年中债国债收益率曲线标准信息，选取10年期国债利率，将计算得到的平均值3.58%作为公司无风险报酬率。

（2）市场风险溢价

市场风险溢价是风险价格，它反映了整个证券市场对平均风险超过无风险收益所要求的额外收益，它等于市场平均收益率与无风险收益率的差额。计算市场风险溢价最常见的方法是基于历史数据追溯得到在较长时期内的股票年实际收益率，再将无风险收益率从中扣除，即为历史风险溢价。计算风险溢价有两种方法，一种是算术平均法，另一种是几何平均法。算术平均法计算长期内年度市场风险溢价的算术平均值，而几何平均法是复利计算的，本书选取几何平均法计算市场风险溢价，其计算公式如下所示：

$$R_m = \sqrt[n]{\frac{P_t}{P_0}} - 1$$

其中，P_0表示期数0的市场综合指数，P_t表示期数t的市场综合指数，n为样本期数。

Aswath Damodaran认为，在实践中为了避免风险补偿率带来的短期波动，应尽可能使用较长时间的历史数据来衡量此类指标，一般在10年以上。此外，估计市场风险溢价的时间跨度应当包括经济繁荣时期和经济衰退时期。因此，本书收集了2002—2017年末上证指数的历史收盘价、十年期国债收益率，通过几何平均法计算市场收益率，并对各年十年期国债收益率进行平均得到无风险收益率，再将无风险收益率从市场收益率中扣除得到了市场风险溢价。市场风险溢价计算过程如表6.7所示。

根据表6.7的结果，市场收益率的几何平均为8.104%，扣除无风险收益率后风险溢价为4.481%。

表 6.7　2002—2017 年市场风险溢价

序号	年收盘日期	收盘指数	收益率几何平均（%）	无风险收益率（%）	风险溢价（%）
0	2002/12/31	1 357. 65			
1	2003/12/31	1 497. 04	10. 267	3. 150	7. 117
2	2004/12/31	1 266. 50	− 3. 415	4. 545	− 7. 960
3	2005/12/30	1 161. 06	− 5. 080	3. 772	− 8. 853
4	2006/12/29	2 675. 47	18. 482	3. 044	15. 438
5	2007/12/28	5 261. 56	31. 119	3. 992	27. 127
6	2008/12/31	1 820. 81	5. 014	3. 915	1. 098
7	2009/12/31	3 277. 14	13. 416	3. 337	10. 079
8	2010/12/31	2 808. 08	9. 510	3. 470	6. 040
9	2011/12/30	2 199. 42	5. 507	3. 860	1. 647
10	2012/12/31	2 269. 13	5. 271	3. 460	1. 811
11	2013/12/31	2 115. 98	4. 117	3. 827	0. 290
12	2014/12/31	3 234. 68	7. 503	4. 156	3. 347
13	2015/12/31	3 539. 18	7. 649	3. 369	4. 280
14	2016/12/30	3 103. 64	6. 084	2. 858	3. 226
15	2017/12/29	3 307. 17	6. 115	3. 580	2. 535
平均			8. 104	3. 622	4. 481

（3）风险系数 β

风险系数 β 值反映的是一项投资的风险与市场风险的关系，也可以解释为个股收益率与大盘指数的关联关系。它能够度量特定资产的系统风险，关联性越强，系统风险越大。当 $\beta > 1$ 时，表示风险高于市场平均风险；当 $\beta < 1$ 时，说明投资的风险低于市场平均；当 $\beta = 1$ 时，说明恰好等于市场平均风险。β 值的计算公式为：

$$\beta = \frac{\mathrm{cov}(r_b, r_m)}{\sigma_{m2}}$$

其中，r_b 表示资产的投资收益；r_m 表示整体市场投资收益；$\mathrm{cov}(r_b, r_m)$ 表示资产的投资收益与市场整体投资收益的协方差；σ_{m2} 表示市场整体收益的方差。

由于 b，m 是两个随机变量，r_b 的方差 σ_{b2} 和 r_m 的方差 σ_{m2} 都大于零，则 r_b

和 r_m 的相关关系 $\rho(r_b, r_m)$ 可以表示为：

$$\rho(r_b, r_m) = \frac{\mathrm{cov}(r_b, r_m)}{\sigma_b \sigma_m} \qquad -1 \leqslant \rho(r_b, r_m) \leqslant 1$$

其中，σ_b 为 b 的投资收益的标准差；σ_m 为市场 m 的投资收益的标准差。

因此，β 值可以表示为：

$$\beta = \frac{\rho(r_b, r_m) \, \sigma_b}{\sigma_m}$$

根据研究经验，一般选用标的公司所在的股票市场的市场指数估计 β 值。由于本案例为非上市企业，控制该公司的上市公司 B 与 A 公司属于同一行业，因此本书选取 B 公司的风险收益率与整个市场的平均风险收益率进行比较，计算得到风险系数。本书先通过计算 B 公司收益和市场整体的相关系数，选取 2005 年 1 月至 2019 年 1 月上海证券交易所 B 公司每月最后一个交易日的收盘价和同期上证综指的月平均收盘价，共 168 组数据，使用 SPSS 软件计算皮尔逊相关系数，回归结果如表 6.8、表 6.9 所示，相关系数为 0.177，并且双尾显著性为 0.021，在 0.05 水平下显著。

表 6.8　描述性统计

指　　　标	平均值	标准差	个案数
上证综合指数收益率	0.007 638 2	0.082 159 67	169
B 公司收益率	0.029 664 9	0.346 254 90	168

表 6.9　相关性

		上证综合指数收益率	B 公司收益率
上证综合指数收益率	皮尔逊相关性	1	0.177 *
	显著性（双尾）		0.021
	个案数	169	168
B 公司收益率	皮尔逊相关性	0.177 *	1
	显著性（双尾）	0.021	
	个案数	168	168

注：* 表示在 0.05 水平上（双尾）相关性显著。

同时，根据统计描述，$\sigma_b = 0.346\ 254\ 90$，$\sigma_m = 0.082\ 159\ 67$，根据以上参

数计算 β 值，$\beta = 0.75$。

由资本资产定价模型可以得到股权资本成本为 6.94%。

3. 固定资产报酬率

$$R_F = X \times R_e + (1 - X) \times R_d (1 - T)$$

其中，R_e 取股权资本成本，R_d 取 5 年及 5 年以上期银行贷款利率，X 为自有资金占比。

根据 A 公司报表数据，A 公司自有资金比例为 89.64%，因此计算得到固定资产报酬率为 6.49%。

4. 流动资产报酬率

流动资产的预期回报率应该是最低的，因为投资流动资产的风险相对最小。实践中，一般以一年内银行贷款平均利率作为流动资产投资的预期收益率。中国人民银行公布的 2017 年短期贷款利率为 4.35%，因此此次估值流动资产报酬率取 4.35%。

5. 折现率计算

$$R_i = \frac{1}{W_i} \left[R_e \times \frac{E}{E + D} + R_D \times \frac{D}{E + D} \times (1 - T) - R_F \times W_F - R_C \times W_C \right]$$

其中，W_i 表示无形资产占全部资产的比重，W_F 表示固定资产占全部资产的比重，W_c 表示流动资产占全部资产的比重。

依据 A 公司主要财务数据摘要（见表 6.10）和以上计算的各个收益率，可以得到 A 公司无形资产收益率为 13.65%。

表 6.10　A公司资产负债表摘要　　　　　　　　单位：元

资产		负债及所有者权益	
流动资产	885 676 830.98	流动负债	394 820 626.03
无形资产	319 462 494.06	非流动负债	76 056 410.00
非流动资产	3 339 135 128.20	负债合计	470 877 036.03
资产合计	4 544 274 453.24	股东权益	4 073 397 417.21

（三）收益期限

火电行业主要依靠煤炭等能源的消耗来发电，2017 年在全球一次能源消费中，有 40% 用于发电。电力是最大的用能行业，根据 BP 世界能源统计，2017 年中国天然气消费增长 15%，太阳能消费增长 76%，新能源的开发在逐渐降低对火电行业的依赖，并且随着一次能源的耗竭，火电企业最终将逐步退出发电行业，火电企业对火电机组的依赖性强，受电力行业变革的影响。假设 A 企业的寿命为火电机组服役时长，根据北美协会的研究数据，运行 40 年后，50—200MW 机组事故停机率将达到 20% 左右。继续经营被认为是不安全和不经济的，需要新的单位来更换，A 公司成立于 2000 年，因此考虑 A 公司的剩余收益期限为 20 年。

四、估值结果

如表 6.11 所示，此次评估的 A 公司碳权资产价值为 9 669 949.58 元。

表 6.11　A 公司碳权资产评估价值结果

年份	2018	2019	2020	2021	2022	2023	2024—2038
碳权资产收益（元）	921 792.31	996 641.85	1 077 569.17	1 165 067.78	1 259 671.29	1 361 956.59	1 376 141.57
增长率（%）	8.12	8.12	8.12	8.12	8.12	1.04	1.04
折现率（%）	13.65	13.65	13.65	13.65	13.65	13.65	13.65
折现系数	1.0	0.879 894	0.774 214	0.681 227	0.599 408	0.527 415	6.571 936
现值（元）	921 792.31	876 939.59	834 269.33	793 675.31	755 056.53	718 316.87	4 769 899.63
求和	9 669 949.58						

第七章

碳权资产成本法估值模型构建
及应用

第一节　清洁发展机制

《京都议定书》制定了三大灵活减排机制——联合履约机制（JI）、排放贸易机制（ET）以及清洁发展机制（CDM）。这三大机制中的联合履约机制和排放贸易机制都仅限于在发达国家之间进行，唯一允许发展中国家参与的机制是清洁发展机制。清洁发展机制通过发达国家和发展国家间项目合作的方式来达到减排目的，即发达国家向发展中国家提供资金援助或者技术上的支持，帮助发展中国家改进生产技术来获取发展中国家额外的核证减排额度，从而减轻其减排压力。这种机制一方面帮助发达国家实现减排任务，降低了减排成本；另一方面使发展中国家获得了发达国家先进的减排技术支持，有利于其实现可持续发展的目标。这种发达国家和发展中国家互帮互助的合作模式最终有利于实现双赢，达到减缓气候恶化的目的。

但是，CDM 项目的申请周期长，程序烦琐。《马拉喀什协定》规定，CDM 项目的申请必须经过以下八个流程：①项目选择。发达国家在发展中国家中寻找具备合作条件的项目，并对资金、技术以及减排量等问题进行可行性讨论。②完成 CDM 项目申请文件。③项目批准。由双方主管 CDM 项目的机构对项目进行审批。④项目核实。由指定经营实体（Designated Operational Entity, DOE）对 CDM 项目的合理性进行核查并决定是否通过该项目。⑤项目注册。独立经营实体向 CDM 项目执行理事会发送项目核实报告进行注册申请，若申请通过，则该 CDM 项目注册成功。⑥项目监测和报告。⑦项目证实。⑧签发核证减排量。项目执行理事会签发 CERs。

目前，我国 CDM 项目处于快速发展时期，项目申请数量正逐年增加。中国清洁发展机制网的数据显示，截至 2019 年 7 月 14 日，中国在 EB（执行理事会）注册的 CDM 项目达 3 808 项，占全球总注册项目的 49%；截至 2017 年 8 月 31 日，获得 CERs 签发的 CDM 项目有 1 557 项，减排量约为 14.74 亿吨，占总签发量的 61%，注册量和签发量占了总体的半壁江山。图 7.1 和图 7.2 分别统计了获批项目的行业分布情况和省区市分布情况。

目前，清洁发展机制是唯一允许发展中国家参与的减排机制，我国政府也积极采取扶持和鼓励政策，减少温室气体排放。同时，中国的清洁发展机制项目和核证的减排量占世界的一半，因此，从 CDM 项目的角度来论证成本法在碳权资产估值中的应用是可行的。

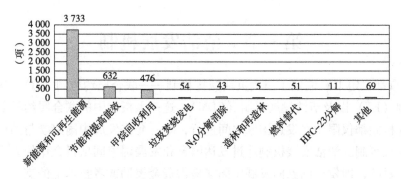

图7.1　批准项目数按减排行业分布情况

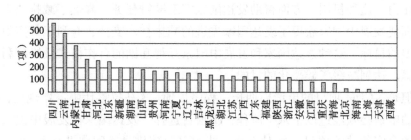

图7.2　批准项目数按省区市分布情况

第二节　成本法在 CDM 项目评估中的应用原理

　　成本法是通过重新构建被估资产来确定被估资产的重置成本，然后计算出该被估资产截至评估基准日这一时点已经存在的各种贬值，然后从重置成本中扣除这些贬值的一种方法。在资产评估中，收益法考虑的是被估资产在未来某段时间中获得的收益额或现金流，市场法主要参照市场上类似资产的市场价值。与收益法和市场法不同，成本法更多地从取得被估资产的成本费用的角度来考虑。对于 CDM 项目的成本法的应用，首先需要重新构建形成 CDM 项目的各项成本费用，然后估算在评估基准日 CDM 项目发生的各项贬值，两者之差就是 CDM 项目的评估价值。

　　使用成本法进行评估时，明确两个基本点将有助于我们更好地运用成本法。第一，被估资产的价值不是恒定不变的，它是随着使用年限和外部经济环境的变化而变化的，在使用一段时间之后，被估对象的价值会逐渐降低，实际上是发生了各种贬值。这些贬值因素会随着被估对象使用年限的增加而增加，被估对象使用年限越长，贬值率越大，评估值就越低。因此，合理地测定被估对象的贬值是进行成本法评估的重要一环。第二，被估资产的评估值不会高于按照当前条件下重置该项资产所耗费的支出。这是由替代原则决定的。买方不会支付比重置成本更高的价格来对被估资产进行投资，当买方以高于重置成本的价格购置被估资产时，其收益必然是负的。因此，被估对象的评估值和其重置成本呈正向关系变动。

成本法有四个基本要素，即重置成本、实体性贬值、功能性贬值和经济性贬值。以下对这些要素做简要说明。

一、重置成本

重置成本是按照现行的价格水平重新购建功能相同或相似的资产所耗费的成本。需要强调的是，要合理区分资产的历史成本和重置成本，历史成本是取得资产时支付的交易价格，重置成本反映的是评估基准日购建该项资产的耗费。从重新购建资产的技术、标准的异同的角度划分，重置成本可分为复原重置成本和更新重置成本。更新重置成本反映了技术进步对资产价格的影响。因此，在 CDM 项目的评估中，应尽量采用更新重置成本作为被估资产的重置成本。

二、实体性贬值

实体性贬值意味着被估资产的价值因使用年限的增加而降低，这是因为被估对象由于使用和自然力的作用而产生了价值损失，是一种有形损耗。在 CDM 项目的评估中，实体性贬值最显著的表现为减排设备的消耗和磨损。

三、功能性贬值

技术的进步会导致资产的功能逐渐落后于新技术，从而引起资产价值下降，这就是功能性贬值，它带来的资产损耗是无形的。市场上新技术的出现会带动整个社会生产力水平的提高，此时旧设备的个别生产率会低于社会平均生产率，这会导致资产价值的下降，这部分损失就是资产的功能性贬值。

四、经济性贬值

经济性贬值是由于外部环境的变化而引起的资产价值的下降，例如新的经济政策、政治变动、社会因素、通货膨胀等，这些变动都是由外部造成的，企业自身无法干预，也不可避免。经济性贬值主要表现为市场竞争力加强导致的设备开工不足、生产成本增加而售价没有提高导致的供应减少、全行业不景气导致的生产力下降、国家政策（如环保限制）导致的设备的淘汰。

第三节　案例分析

前文主要对 CDM 项目的成本法评估的基本原理进行了简要的说明，本部分将运用上述原理对实际的交易案例进行分析，为 CDM 项目的成本法估值提供应用思路。

本案例分析中的评估对象为四川省某水电项目，评估基准日为 2017 年 12 月 31 日，评估目的是为市场中相同或类似 CDM 项目的估值提供参考依据。

四川省位于我国的西南地区，该地区地形条件丰富，地势起伏大，水力资源丰富，拥有发展 CDM 项目得天独厚的先天条件，因此产生了大量的 CDM 项目。该水电项目所在地形为横断山区，估算水能资源约 7 000 万千瓦，占全国总水能资源的 15%，"西电东送"工程项目的重要枢纽就位于此地。

××水电项目是一个径流式引水发电项目，属于新能源和可再生能源产业，基准线方法学为 ACM0002，由四川某有限责任公司开发建设，该项目的国外合作伙伴为国外某资产管理公司。该水电站的总装机容量为 5.25 万千瓦。该项目产生的发电量代替了当地的煤电燃烧，减少了温室气体的排放，年减排量约为 214 749 吨二氧化碳。发改委于 2014 年正式批准该项目为 CDM 项目，2015 年正式获得联合国 CDM 执行理事会签发的 CERs（核证减排量），核准的二氧化碳减排量为 15.9 万吨，交易价格为每吨 10.5 美元。

前文我们提到过 CDM 项目的成本构成为交易成本和技术成本。对于交易成本中的一次性交易成本，项目搜集、文件编写、谈判、审定成本之和为 120 000 美元，注册的二氧化碳减排量未超过 350 000 吨，按照每 10 吨 1 美元的价格计算，那么项目的注册成本为 15 900 美元，一次性交易成本合计 120 000 + 15 900 = 135 900 美元。该项目的检测成本为 5 000 美元，检查和核证成本为 8 000 美元，适用性分析成本为 2 000 美元，合计 15 000 美元。2017 年 12 月 31 日，美元对人民币汇率为 6.506 3，因此，交易成本为（135 900 + 15 000）×6.506 3 = 981 800.67 元。为了达到减排任务，2014 年 1 月该公司向银行借了 5 年期的长期借款 1 000 万元采购了 1 台大型发电机，年利率为 6.55%，至 2017 年 12 月，公司向银行偿还利息共计 262 万元，其中该发电机的运输费和安装费合计共 8 万元，市场上同类发电机的交易价格为 1 008 万元，经测算，该发电机发生了 9.75% 的实体性贬值，贬值额为 97.5 万元，每年发生的水电费约 60 万元。根据以上数据得出，该项目产生的技术成本为 262 + 8 + 1 008 − 97.5 + 60 × 4 = 1 420.5 万元。

综上，该 CDM 项目的估值为 1 420.5 万元，按照每吨 10.5 美元的交易价格，该 CDM 项目是盈利的。

第八章

基于影子价格和实物期权法的碳权资产价值评估

第一节 影子价格理论

一、影子价格的定义

影子价格的概念是在 20 世纪 30 年代末提出的。起初,影子价格被用来解决线性规划问题(孙立颖,2019)。经过发展,一些学者用影子价格来讨论资源的稀缺性。当资源增加一个单位时,目标也会增加一个单位。可以发现,不同的资源具有不同的边际贡献,那么这种资源的边际贡献就称为资源的影子价格。

本书在分析影子价格定义的基础上,充分考虑碳权资产的特殊性,认为我国碳权资产影子价格是指二氧化碳减排的边际成本。也就是说,二氧化碳减排的边际成本可以用影子价格来衡量,影子价格代表每单位碳减排所造成的额外经济成本或利润损失。碳权资产的影子价格可以解释碳减排的机制。

二、影子价格模型的适用性

近年来,由于气候问题的加剧,我国一直奉行节能减排政策,并采取措施抑制二氧化碳排放。同时,碳权资产具有稀缺性。影子价格理论将充分考虑一定资源的稀缺程度,进而计算出资源在最优配置中的价值。

三、影子价格基本计算模型

在影子价格的研究中,一些学者发现当原问题的对偶问题只有一个最优解时,对偶问题就可以计算出来,最优解就是影子价格。基本计算模型如下。

设原问题(P)为:

$$\max y = CX$$
$$\text{s. t. } AX \geqslant b, X \geqslant 0$$

其对偶问题(D)为:

$$\min w = Yb$$
$$\text{s. t. } YA \geqslant c, Y \geqslant 0$$

其中,$C = (c_1, \cdots, c_n) \in R^n$,为原问题(P)的系数向量,表示产品的单位效益;$b = (b_1, \cdots, b_m) \in R^m$,为原问题(P)约束右端项向量,表示产品所消耗的资源限量；$A = (a_{ij})_{mn}$，是每种产品的单位消耗系数；$X = (x_1, x_2, \cdots, x_n)^T$ 是决策变量，一般代表每种产品的产量。

四、研究方法选取

对于测算影子价格的方法，本书主要研究定向性环境距离函数法和数据包络分析（Data Envelopment Analysis，DEA）中的 SBM 模型两种方法。

（一）定向性环境距离函数法

定向环境距离函数是在定向距离函数的基础上发展起来的，可以用来计算影子价格。2007 年，Fare 利用这一函数来估计影子价格，后面的学者逐步采用这一方法。该方法的基本思想是经济增长和污染物减排必须同时进行。函数方法主要有两种：参数方法和非参数方法。

利用定向环境距离函数法计算碳权资产影子价格，其总体思路是设定目标函数及相关约束条件，理解并准确把握定向距离函数与收益函数的对偶关系，得出影子价格公式。其中，参数法和非参数法的思想是相同的，但不同的是参数法假设市场价格为 1。

（二）数据包络分析中的 SBM 模型

数据包络分析是一种通过比较评价对象的结果进行非参数效率分析的方法。测算的结果是相对效率。它不需要建立一个特定的函数，而是优化输入和输出之间的权重，使每个决策单元最优。

在数据包络分析方法中，一般是指 CCR 模型、BCC 模型和 SBM 模型。然而，前两种模型都是传统的径向线性规划计算方法，存在明显的缺点，输出结果容易满足强加工性和凸性，导致输入因子的"拥挤"或"松弛"，容易导致模型计算的偏差。

为了解决传统模型的缺陷，一些学者提出了 SBM 模型。与传统模型相比，SBM 模型具有非径向的优点。在 SBM 模型的基础上，将松弛变量直接引入研究中，并对其对偶规划进行解释，研究其实际收益。它解决了传统模型中的松弛问题，提高了模型的精度。

因此，本书尝试将非期望产出的 SBM 模型和影子价格相结合，进而构建碳权资产评估模型。

第二节　基于影子价格的碳权资产价值
评估模型构建

一、碳权资产影子价格分析

通过对上述影子价格定义的分析，结合碳权资产的特殊性，明确了我国碳权资产影子价格是指二氧化碳减排的边际成本，基本含义是每单位碳减排所造成的额外经济成本或利润损失。

在企业价值分析中，二氧化碳排放往往被视为非预期产出。本书将定向环境距离函数法和数据包络分析中的 SBM 模型相结合，计算非预期产出的影子价格，建立碳权资产评估模型。

二、碳权资产影子价格模型构建

目前，全国碳权交易系统已正式启动，全国碳权交易市场稳步发展。通过计算二氧化碳减排的边际成本，计算出碳权资产的影子价格，为未来碳权资产交易活动提供价格参考。

结合上一节对影子价格研究方法的分析，现构建基于影子价格的碳权资产价值评估模型。

（一）利用定向性环境距离函数法构建碳权资产价值评估模型

该方法包括参数化定向性环境距离函数和非参数化定向性环境距离函数，两个方法都可以计算碳权资产的影子价格。

1. 环境技术产出集

首先，根据 Fare 提出的环境技术构建环境技术产出集，环境技术可以对产出与要素投入之间的技术结构关系进行反映。集合如下：

$$P(x) = \{(y,b):x \text{ 可以生产}(y,b)\}, x \in R_+^N$$

其中，$P(x)$ 为 N 种要素投入 x 所能生产的期望产出 y 和非期望产出 b 的集合；投入向量 $x = (x_1, \cdots, x_N) \in R_+^N$，期望产出向量 $y = (y_1, \cdots, y_M) \in R_+^N$，非期望产出向量为 $b = (b_1, \cdots, b_J) \in R_+^N$。

2. 定向性产出距离函数

本书在前人研究的基础上，利用定向产出距离函数构建了基于影子价格的碳权资产价值评估模型。其基本形式为：

$$\overline{D}_0(x,y,b;g_y,-g_b) \ge 0, (y,b) \in P(X)$$

其中，$g = (g_y, g_b)$ 是方向向量，代表期望产出与非期望产出变量的变动方向。

3. 利用收益函数测算碳权资产的影子价格

经过研究，已知该函数与收益函数为对偶关系。本书将通过这种对偶关系测算碳权资产的影子价格。

应该清楚的是，一般来说，非期望产出没有市场价格。因此，在方向距离函数的基础上，对非预期产出的影子价格进行了评估，并导出了收益函数。

收益函数可以定义为：

$$\max R_{y,b}(x, p, q) = \max_{y,b} \{py - qb : D_0(x, y, b; g)\} \ge 0$$

其中，$p = (p_l, \cdots, p_M)$，为期望产出的价格向量；$q = (q_l, \cdots, q_M)$，为非期望产出的价格向量。

给定一个径向向量 $g = (g_y, g_b)$，则：

$$R(x, p, q) \ge (py - qb) + p \times \overline{D}_0(x, y, b; g) \times g_y + q \times \overline{D}_0(x, y, b; g) \times g_b$$

$$\overline{D}_0(x, y, b; g) \le \frac{R(x, p, q) - (py - qb)}{pg_y + qg_b}$$

利用包络原理，其影子价格公式如下：

$$\frac{\partial \overline{D}_0(x, y, b; g)}{\partial y} = \frac{-p}{pg_y + qg_b} \le 0$$

$$\frac{\partial \overline{D}_0(x, y, b; g)}{\partial b} = \frac{q}{pg_y + qg_b} \ge 0$$

基于此，非期望产出价格 q_J 的计算公式为：

$$q_J = -p_m \left(\frac{\partial \overline{D}_0(x, y, b; g) / \partial b_J}{\partial \overline{D}_0(x, y, b; g) / \partial y_M} \right) \quad j = 1, \cdots, J \tag{8.1}$$

式（8.1）即根据非参数化的定向性环境距离函数所得出的碳权资产影子价格的计算公式。

令 $g = (g_y, g_b) = (1, -1)$，则：

$$q_J = -p_m \left(\frac{\partial \overline{D}_0(x, y, b; 1, -1) / \partial b_J}{\partial \overline{D}_0(x, y, b; 1, -1) / \partial y_M} \right) \quad j = 1, \cdots, J \tag{8.2}$$

式（8.2）为根据参数化的定向性环境距离函数所得出的碳权资产影子价格的计算公式。

当然，定向环境距离函数法在实践中的具体应用并不是如上述公式所示的相对简单。它需要考虑的系数多，需要的数据多，计算量大，操作相对困难。本部分的分析只能说明利用定向环境距离函数建立碳权资产影子价格评估模型是可行的。

（二）利用 SBM 模型构建碳权资产价值评估模型

　　通过本章第一节对影子价格计量方法的分析，我们知道，与数据包络分析方法中的经典 CCR 模型和 BCC 模型相比，SBM 模型具有非径向的优势，包括好的和坏的产出。在此基础上，直接研究了松弛变量，并解释了其对偶规划，解决了传统模型中的松弛问题，提高了模型的精度。另外，本书要估算的是二氧化碳的减排成本，因此不良产出的松弛变量指标更为重要。

　　综上所述，本书选用 SBM 模型来测算非期望产出的影子价格，对碳权资产价值进行评估。

　　SBM 模型公式如下：

$$D = \min \frac{1 - \dfrac{1}{m}\sum_{i=1}^{m}\dfrac{S_i^-}{X_{i0}}}{1 + \dfrac{1}{s_1+s_2}\left(\sum_{r=1}^{s_1}\dfrac{S_r^Y}{y_{r0}} + \sum_{r=1}^{s_2}\dfrac{S_r^b}{b_{r0}}\right)}$$

$$x_0 = X\lambda + s^-$$
$$y_0 = Y\lambda - s^y$$
$$b_0^b = B\lambda - s^b$$

$$s^- \geqslant 0,\ s^y \geqslant 0,\ s^b \geqslant 0,\ \lambda \geqslant 0$$

其中，X 是投入矩阵；Y 是期望产出矩阵；B 是非期望产出矩阵；i 是投入要素的个数；s_1 是期望产出要素的个数，s_2 是非期望产出要素的个数；λ 为权重向量；s^- 是投入的松弛变量，s^y 是期望产出的松弛变量，s^b 是非期望产出的松弛变量；目标函数 D 是关于 s^-，s^y，s^b 严格单调递减的，$0 \leqslant D \leqslant L$。

　　其对偶分式规划为：

$$\max(u^y y_0 - vx_0 - u^b b_0)$$
$$u^b Y_0 - vX - u^b B \leqslant 0$$
$$v \geqslant \frac{1}{m}\left[1/x_0\right]$$

$$\text{s. t.}\begin{cases} u^y \geqslant \dfrac{1 + u^y y_0 - vx_0 - u^b b_0}{s}\left[1/y_0\right] \\[4mm] u^b \geqslant \dfrac{1 + u^y y_0 - vx_0 - u^b b_0}{s}\left[1/b_0\right] \end{cases}$$

其中，$s = s_1 + s_2$，即期望产出与非期望产出要素个数之和；变量 v 为投入对偶价格；u^y 是期望产出；u^b 是非期望产出。

具体应用模型时，期望产出的影子价格可以用其市场价格表示，这不仅具有合理性，而且易获得。

非期望产出的影子价格可以用期望产出价格进行计算，公式如下：

$$p^b = p^y \frac{u^b}{u^y} \tag{8.3}$$

式（8.3）为基于 SBM 模型所得到的非期望产出的影子价格公式，即碳权资产影子价格。

（三）利用 SBM 的影子价格构建碳权资产价值评估模型的可行性分析

从我国目前的碳权交易市场发展现状和碳核查机制来说，上述两种利用影子价格所构建的碳权资产评估模型，在对企业碳权资产进行评估的具体实践中，是难以得出较为准确的非期望产出的价格的，也就是很难得出碳减排成本的影子价格。因为在目前情况下，我国企业其实是很难测量出其碳排放量，也就是说上述模型中的非期望产出是难以获得的。

如果我们假设中国企业的碳排放量能够准确计量，那么上述两个模型是可行的。然而，基于 SBM 的第二种模型更简单、更清晰。

假设企业碳排放量能够得到准确的计量，本书以电力企业为例，分析了基于 SBM 的模型。我们之所以选择电力企业，是因为电力企业的预期产量和非预期产量非常明显。要明确传统电力企业的生产燃料是化石能源，企业投资一般包括煤炭投资、人力资源投资和固定资产投资；企业产出是指发电和碳排放，其中二氧化碳排放是非预期产出，发电是预期产出。国内多家电力企业的年报都披露了发电、煤炭投资和固定资产投资的相关金额，这样就可以合理地得到 SBM 构建的影子价格评价模型中的重要因素。一旦得到模型的相关数据，就可以使用数据包络分析专业软件 DEA solve pro 5.0 对上述模型进行计算，得到碳权资产的影子价格。

如果企业能够计算出自己的边际碳减排成本，将为企业进行碳权资产交易提供参考。当碳权资产的价格高于市场交易价格时，企业可以从市场上购买碳权资产。当碳权资产价格低于市场交易价格时，企业可以自行减排。

另外，在碳权资产可计量的前提下，对多家电力企业进行分析，得出不同企业碳权资产的影子价格。一般来说，这些企业的影子价格差异较大，因为不同电力企业的机械设备、生产技术、煤炭等化石燃料质量和企业管理水平存在巨大差异。正是由于这种差别影子价格的存在，买卖双方的企业才可以通过交易碳权资产来满足各自的需求。

　　然而，上述结论的前提是企业的碳排放量可以计算清楚。需要明确的是，我国碳核查制度是指第三方按照相关流程要求对排放控制企业在某一年度的碳排放进行核算和复核。但据了解，我国碳核查工作进展缓慢，碳权交易试点正在逐步引入减排核查方式。

　　因此，对于我国目前的碳权资产交易体系而言，企业的碳排放量难以计算，因此上述模型在我国市场的可行性很小。国家应积极借鉴国外经验，发挥监督作用，注重第三方核查机构的质量，推动我国碳核查工作的开展，使我国企业碳排放量能够得到准确计量。

第三节　实物期权法理论

一、实物期权法原理

　　实物期权的支持者认为，资产投资项目产生的收益来自两个方面，一是对流动资产的使用，二是对未来投资机会的选择。实物期权的发展建立在金融期权的基础上。具体来说，实物期权是企业拥有的一种期权，企业决策者在未来行使这一权利可以为企业带来经济利益。

二、实物期权特征

　　实物期权虽然是以金融期权为基础发展而来的，但二者存在差异。本书将其进行对比，得出实物期权的特征，如表 8.1 所示。

表 8.1　实物期权特征

相似点	不同点
代表投资决策者的一种权利	实物期权不可交易
可以在任意到期日之前的时间选择执行权利	实物期权通常表现为复合实物期权的形式
期权未来收益具有不确定性	实物期权的价值漏损不可估计

三、实物期权法适用性分析

　　目前，实物期权方法在资产评估领域得到了广泛的应用。一般来说，实物期权方法适用于高风险、高回报、高不确定性的新兴企业的评估，因为类似企业具有潜在的成长机会。碳权资产的不确定性较高。因此，在碳权资产的评估中，实物期权方法比较适合。

四、实物期权法的经典模型

目前较常用的模型有连续时间下的 B–S 模型和离散时间下的二叉树期权定价模型（马钰，2016）。

（一）B–S 模型

B–S 模型是由 Black 和 Scholes 所建立的，这个模型为不考虑支付红利条件的欧式看涨期权的定价公式。该模型在实践中需要具体考虑的主要参数和其基本假设如表 8.2 所示。

表 8.2　B–S 模型主要参数与基本假设

主要参数	基本假设
标的资产评估基准日价值	1. 标的资产价格服从对数正态分布
波动率	2. 在期权有效期内，股票收益变动率和无风险利率恒定
期权行使价格	3. 期权是欧式期权，即到期日才能行权
行权期限	4. 股票存在股利分配及其他任何形式的分配
无风险收益率	5. 市场无摩擦，不存在交易成本和税收
	6. 不存在无风险套利机会

B–S 欧式看涨期权定价模型公式为：

$$V = SN(d_1) - Xe^{-rT}N(d_2)$$

$$d_1 = \frac{\ln(S/X) + (r + \sigma^2/2)T}{\sigma\sqrt{T}}$$

$$d_2 = d_1 - \sigma\sqrt{T}$$

其中，V 是资产实物期权价值；S 是标的资产的当前价值；X 是期权执行价格；r 是期权有效期相同的无风险利率；σ 是标的资产价格的波动率；T 是期权的有效期；$N(d)$ 是累积概率分布函数。

（二）二叉树期权定价模型

二叉树期权定价模型更为直观，一般用来计算美式期权价值。

对于该模型，可以理解为：在期权有效期内设置若干时间节点，在每个时间节点，标的资产的价值运动方向仅为上涨或下跌。

其公式如下：

$$u = e^{\sigma\sqrt{T-t}}$$

$$d = \frac{1}{u}$$

$$p = \frac{e^{(r-\delta)(T-t)} - d}{u - d}$$

$$C_{ij} = \max\{Vu^j d^{i-j} - X, e^{-r(T-t)}[pC_{i+1,j+1} + (1-p)C_{i+1,j}]\}$$

其中，C 为碳权资产期权价格；V 为标的资产价值；X 为期权执行价格；T 为期权到期日；t 为期权期数；u 为价格上升幅度；d 为价格下行幅度；σ 为标的资产的波动率。

第四节　基于实物期权法的碳权资产价值评估模型构建

一、碳权资产实物期权属性分析

一般而言，具有实物期权属性的碳权资产是指基于特定项目的碳权资产。因此，本书将以项目为例，运用实物期权方法对碳权资产进行分析。实物期权属性主要指以下三点：

第一，高度不确定性。基于项目的碳权资产未来收益具有不确定性，容易受到碳权交易市场、国家政策等因素的影响，且这些因素难以量化。

第二，良好的管理灵活性。投资决策者可以灵活处理基于项目的碳权资产，并可以根据自己掌握的市场数据决定自己的行动。是否投资、何时投资是决策者对现有条件最理性的把握。

第三，投资是不可逆转的。以项目为基础的碳权资产的初始投资通常很大。由于投资通常包括厂房、机械设备等固定资产，在经营过程中难以转换或转换成本高，因此，初始投资大多属于沉没成本，一旦投入不易收回。

我国 CCER 项目也有这样的属性。因此，运用实物期权方法对碳权资产进行评估是可行的。需要明确的是，碳权资产的实物期权价值分为两部分，具体分析见下文。

二、我国基于项目的碳权资产交易现状

通过分析我国碳权交易市场的发展现状和我国碳排放权交易网披露的相关数据不难发现，我国的 CCER 项目正在逐步发展，我国 CCER 项目登记减排总量已达 5 283 万吨。虽然最近业绩期项目营业额较以前有所下降，但其发展趋势并未受到影响。此外，2017 年底，随着国家碳权交易系统的正式启动，碳权交易将更加频繁，中国的 CCER 项目也会随着中国碳权市场的发展而发展。

因此，从我国碳权交易市场出发，构建一个合理的基于项目的碳权资产估值模型是十分必要的。

三、实物期权法的选择性分析

在不考虑股利支付的情况下，基于项目的碳权资产具有欧式看涨期权的特征。

从表 8.3 可以看出，项目性碳权资产易受外部因素影响，价格具有不确定性，市场价格应该是连续的。因此，对于我国基于项目的碳权资产，本书将选择 B－S 模型进行价值评估。

表 8.3　实物期权法的选择性分析

B－S 模型	二叉树模型	基于项目的碳权资产
标的资产价格呈一般几何布朗运动变化的态势	未来实物期权价格只有上涨或下降两种可能的一种	未来价格具有高度不确定性
标的资产价格连续	标的资产价格离散	资产市价连续
计算相对简单	计算相对复杂	

四、基于项目的碳权资产价值评估模型构建

本书选用 B－S 模型构建基于项目的碳权资产实物期权模型。

B－S 欧式看涨期权定价模型公式在本章第三节进行了分析，下文将对其参数进行调整，原公式如下：

$$V = SN(d_1) - Xe^{-rT}N(d_2)$$

$$d_1 = \frac{\ln(S/X) + (r + \sigma^2/2)T}{\sigma\sqrt{T}}$$

$$d_2 = d_1 - \sigma\sqrt{T}$$

为保证评估结果具有较高的准确性，本书将对 B – S 模型中的部分参数进行重新确定。

1. 无风险利率 r

无风险利率采用与期权有效期相同的连续复利形式。在我国的实际操作中，我们通常选择国债收益率 r_0 来表示。应注意选择有效期相近的国债作为参考。

再者，对一年复利一次的 r_0 进行转换，公式如下：

$$r = \ln(1 + r_0)$$

2. 期权的有效期 T

求取方法：到期日之前所有天数与 365 的比值。

3. 标的资产的价格波动率 σ

σ 表示资产未来收益的变化范围。这一指标与标的资产的历史交易密切相关。通常可以根据其历史交易价格和价格波动来计算。

在近期的交易数据中，选取 $(n+1)$ 个历史价格数据，计算 $x_1 - x_{n+1}$，以及连续复合收益率 y_i，其公式如下：

$$y_i = \ln(x_i/x_{i-1}) \quad i = 1,2,\cdots,n$$

从而计算 n 个连续复合收益率的样本标准差 σ_n，则：

$$\sigma^2 = \sigma_n^2 \times (365/n)$$

4. 期权执行价格 X

求取方法：期权数量乘以每单位标的资产期权价格。

5. 标的资产的当前价值 S

求取方法：期权数量乘以每单位标的资产当前市场价格。

第五节　基于实物期权法的碳权资产评估案例分析

一、案例基本情况

案例的基本情况如表 8.4 所示。

表 8.4　案例基本信息

交易信息	内容
交易时间	2018 年 11 月 21 日
交易双方	北京某物业公司、北京环境交易所
交易对象	一项 CCER 交易
期权有效期	三年
协议价格（固定）	每吨 44.50 元
交易数量	25 000 吨

二、参数取值

1. 无风险利率

取 3 年期的国债收益率。

根据案例交易，本书选取剩余期限近 3 年的 5 只国债，如表 8.5 所示。通过计算平均值，到期收益率 $r_0 = 3.684\%$。

表 8.5　国债相关数据

序号	剩余期限（年）	到期收益率（%）
1	2.8	4.26
2	3.0	3.27
3	3.1	3.57
4	2.9	3.93
5	3.3	3.39

由公式计算得出：

$$r = \ln(1 + r_0) = \ln(1 + 3.684\%) = 0.036\ 1$$

2. 期权的有效期

$$T = 3$$

3. 标的资产的价格波动率 σ

本书计算了碳权交易价格的波动性 σ。根据北京环境交易所每天发布的数据，本书研究了 2018 年 5 月 21 日至 2018 年 11 月 20 日的交易价格，波动曲线如图 8.1 所示。

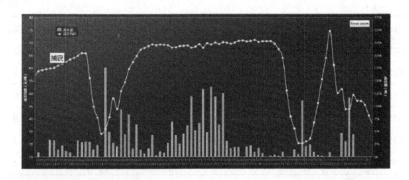

图 8.1　北京环境交易所 2018 年 5 月 21 日到 2018 年 11 月 20 日交易价格波动曲线

所选取的时间共 184 天，减去非工作日和非交易日，剩余时间为 114 天。根据本章第四节的参数确定方法，求解连续天价格的自然对数比，得到了连续复合收益率（如表 8.6 所示）。

表 8.6　连续复合收益率 y_i 的计算

日　期	成交均价（元/吨）	价格对数	连续复合收益率
2018/11/20	37.80	3.632 3	−0.088 6
2018/11/19	41.30	3.720 9	−0.096 2
2018/11/16	45.47	3.817 1	−0.033 1
2018/11/15	47.00	3.850 1	−0.002 1
2018/11/07	47.10	3.852 3	−0.048 1
2018/11/05	49.42	3.900 4	0.118 4
2018/11/02	43.90	3.781 9	0.002 3
2018/11/01	43.80	3.779 6	−0.165 6
2018/10/31	51.69	3.945 3	0.029 2
2018/10/30	50.20	3.916 0	−0.198 1
…	…	…	…
2018/06/04	63.42	4.149 8	0.015 1
2018/06/01	62.47	4.134 7	0.012 7
2018/05/31	61.68	4.122 0	0.010 3
2018/05/30	61.05	4.111 7	0.015 4
2018/05/28	60.12	4.096 3	0.004 5

续表

日　　期	成交均价（元/吨）	价格对数	连续复合收益率
2018/05/25	59.85	4.091 8	0.004 2
2018/05/24	59.60	4.087 7	0.006 7
2018/05/23	59.20	4.080 9	0.008 0
2018/05/22	58.73	4.073 0	0.028 0
2018/05/21	57.11	4.045 0	2.030 1
STDEV			1.239 4

本书选择使用 Excel 软件中的 STDEV 函数来计算 σ_n。

n 个连续复合收益率的样本标准差为：

$$\sigma_n = 1.239\ 4$$

利用公式

$$\sigma^2 = \sigma_n{}^2 \times (365/n) = 1.239\ 4^2 \times (365/114) = 4.918\ 5$$

其中

$$\sigma = 2.217\ 8$$

4. 标的资产的当前价值 S

已知 11 月 21 日当天的市场价格为 41.40 元/吨，则

$$S = 25\ 000 \times 41.40 = 1\ 035\ 000$$

5. 期权执行价格 X

$$X = 25\ 000 \times 44.50 = 1\ 112\ 500$$

三、基于项目的碳权资产价值计算

（一）计算过程

利用所求参数对 d_1 和 d_2 进行计算

$$d_1 = \frac{\ln(S/X) + (r + \sigma^2/2)T}{\sigma\sqrt{T}}$$

$$= \frac{\ln(1\ 035\ 000/1\ 112\ 500) + (0.036\ 1 + 4.918\ 5/2) \times 3}{2.217\ 8 \times \sqrt{3}}$$

$$= 1.930\ 0$$

$$d_2 = d_1 - \sigma\sqrt{T} = 1.930\ 0 - 2.217\ 8 \times \sqrt{3} = -1.911$$

应用 Excel 中的 NORMSDIST 函数计算 $N(d_1)$ 和 $N(d_2)$

$$N(d_1) = 0.973\,2$$
$$N(d_2) = 0.028\,0$$

利用公式可得

$$V = SN(d_1) - Xe^{-r^T}N(d_2)$$
$$= 103\,500 \times 0.973\,2 - 1\,112\,500 \times e^{-0.036\,1 \times 3} \times 0.028\,0$$
$$= 979\,309.287$$

因此，25 000 吨 CCER 的总价值 $TV = V + S = 979\,309.287 + 1\,035\,000 = 2\,014\,309.287$ 元。

（二）CCER 价值分析

本案例中，CCER 的总价值为 2 014 309.287 元。其中，有相应的未来投资价值。根据以上分析，采用实物期权方法对我国企业的项目型碳权资产进行了评估，评估结果包括被评估资产的合同期权价值和自身的期权价值两部分。

以上中国企业 CCER 项目的案例研究，在一定程度上证明了基于实物期权方法的碳权资产价值评估模型的可行性。虽然很难收集到与案例相关的数据，但其他的评价方法无法用于评价，这使得评价方法具有可比性。然而，本书发现碳权资产的实物期权属性非常明显，实物期权方法可以用来评估碳权资产当前和未来的不确定价值，具有较高的可信度。

（三）两种资产评估方法的比较

以上案例以北京环境交易所的实际交易数据为基础，选择实物期权方法作为评价方法，对我国企业 CCER 项目进行评价。可以发现，相关数据的获取和计算更加科学合理，CCER 项目的交易价格也得到了真实披露，参数调整方法也较为合理。然而，基于影子价格的两种模型在我国目前的碳权市场上是不可行的，因为我国企业无法衡量其实际碳减排量。

因此，基于现阶段我国碳权交易体系的构建程度，实物期权方法在我国碳权资产评估中更具可行性和可操作性。

第九章

应用建议

目前，世界各国都在积极建立碳权资产交易市场，完善碳权资产交易机制。碳权资产交易、碳权资产抵押等相关经济活动日益活跃。因此，碳权资产的价值评估越来越受到人们的重视。在倡导低碳经济和可持续发展的背景下，碳权资产交易越来越重要，碳权资产也将成为企业非常重要的新型资产。碳权资产价值评估面临着难得的发展机遇。但由于我国碳权资产交易起步较晚，碳权资产评估的实践操作经验不足，大多停留在理论研究层面。碳权资产评估是一个新兴的领域，目前还不成熟和完善，碳权资产评估的发展还存在许多制约和困难，需要在许多方面加以完善。针对我国碳权资产交易和价值评估的现状，提出以下建议。

一是加快完善碳权资产交易市场全国统一交易机制。目前，我国已在多个省区市开展了碳排放交易试点，但试点省区市之间碳排放交易价格存在较大差异和波动。全国统一的碳资产交易市场刚刚起步，碳交易市场及相关交易机制建设尚处于初级阶段，企业参与碳排放交易的积极性不高，参与程度不强，市场不活跃，这将影响市场数据的选取、交易案例、风险判断等工作，制约碳权资产评估的发展。我国可以借鉴欧盟碳排放交易市场和机制等国外先进成熟的经验，结合我国实际，探索适合我国的发展机制和模式，加快建设全国统一的碳资产交易市场，以满足各级各类投资者的需求。建立全国统一的碳权资产交易市场和制度机制，还需要政府有关部门和机构的协调，避免管理混乱、权责不清等问题，否则不利于碳权资产交易市场的健康发展。此外，目前各交易所虽然已公开上市，但交易数据仍仅限于交易量、交易日期和交易价格，在公开性方面仍需提高透明度。同时，"十四五"规划中提出，要继续深入开展大气污染防治攻坚战，推进绿色低碳循环经济体系建设。因此，加快建立碳权资产交易市场尤为重要。

二是推进碳权资产评估的理论与实践研究，加强碳权资产评估能力建设。我国碳资产评估工作起步较晚，不成熟，缺乏相关的理论研究和实际操作经验，也缺乏专业的从业人员和机构，碳资产评估工作正处于探索的初级阶段。为推动碳权资产评估的发展，必须加强碳权资产评估的理论研究，探索适合碳权资产评估的技术方法，在现有碳权资产评估理论研究和实践经验的基础上，总结制定碳权资产评估相关工作规范和标准，促进碳权资产评估工作有序发展。碳权资产是一种新型资产，与实物资产和其他无形资产有很大的区别。碳权资产评估是一项跨领域的新兴业务，需要相关部门加强自身优势领域的知识共享。可以组织专家进行培训，加强行业内相关知识的讨论和研究，建立专业人员和机构的培训体系，定期进行理论分析和讨论，交流碳权资产评估的方法和实践经验，加强碳权资产评估人员和机构的能力建设。此外，还要加强对碳权资产评估行业的管理。建立与碳权资产评估相关的专业平台机构，为碳权资产评估工作的顺利开展提供指导、保障和智力支持，促进碳权资产评估管理工作有序健康发展。

三是完善碳权资产交易相关法律法规建设，加强政府监管。目前，我国尚未形成一套规范的二氧化碳排放监督管理和核查法律法规，对碳权资产交易市场参与者准入制度也没有明确规定。虽然我国于 2002 年颁布了《清洁生产促进法》，一些关于 CDM 项目的法律法规也相继出台，如 2005 年颁布了《清洁发展机制项目运行管理办法》，但尚未建立起一套完整的法律法规体系。总之，目前，我国对碳权资产交易等相关工作的法律约束不力，政府相关部门的监管薄弱，缺乏系统规范的法律法规体系和有效的政府监管来引导碳权资产交易市场和交易活动的稳定健康发展。在倡导低碳经济和可持续发展的背景下，推进碳权资产交易市场建设，完善相关交易体制和机制，有必要制定相关法律法规，明确规范碳权资产交易市场的相关交易活动和交易流程，因为碳权资产交易市场也是政策法规的产物，必须依靠政府监管，确保碳权资产交易市场的顺利运行和发展。政府有关部门作为市场监管的主体，必须发挥自身对市场交易秩序的监督和引导作用，加大对违法交易行为的处罚力度，以确保减排目标的实现和碳权资产交易市场体系的透明度和效率。中国可以借鉴欧盟等国家或地区的经验，建立健全碳权资产交易的相关法律法规体系，对碳权资产交易等相关活动作出明确规定，在政府有关部门的监督下，保持碳权资产市场的健康发展。

四是加强碳评估领域的国际合作与交流。国际碳市场的发展相对成熟，为国外碳评估理论和实践的发展提供了良好的市场环境。在积累经验推动国内碳权资产评估发展的同时，注重加强国际合作与交流，借鉴国外先进经验，争取在国际社会的话语权，推动碳权资产评估相关国际标准和规范的制定。为了促进我国碳评估的健康发展，我们应该在评估体系和评估模式的构建上借鉴相关的经验。

附录

碳权资产估值方法应用指南

第一章　总则

第一条　为规范碳权资产的评估行为，正确使用估值方法，保护资产评估当事人合法权益和公共利益，根据《资产评估执业准则——基本准则》制定本指南。

第二条　本指南所称碳权资产估值，是指资产评估机构及其资产评估专业人员遵守法律、行政法规、资产评估准则和无形资产准则及会计核算、披露的有关要求，根据委托对评估基准日碳权资产进行分析、估算发现其内在价值，并出具资产评估报告的专业服务行为。

第三条　评估专业人员选择恰当的评估方法对碳权资产进行估值，应当遵循本指南。

第四条　资产评估专业人员可以参照本指南执行碳权资产评估业务，为资产管理者和交易方提供准确的价值参考，使相关交易活动更加理性合理。

第二章　基本遵循

第五条　资产评估机构及其资产评估专业人员开展碳权资产估值业务，应当遵守法律、行政法规的规定，坚持独立、客观、公正的原则，诚实守信，勤勉尽责，谨慎从业，独立进行分析和估算并形成专业意见。遵守职业道德规范，自觉维护职业形象，不得从事损害职业形象的活动。

第六条　执行碳权资产评估业务，应当理解与碳权资产相关的概念，具备相应的专业知识和实践经验，胜任所执行的评估业务。

第七条　资产评估专业人员应当关注碳权资产估值业务的复杂性，根据自身的专业知识及经验，审慎考虑是否有能力受理相关评估业务。执行某项特定业务缺乏特定的专业知识和经验时，应当采取弥补措施，包括利用专家工作及相关报告等。

第八条　由于会计准则和相关法规的修改，导致在执行碳权资产评估业务时无法完全遵守本指南的要求，应当在资产评估报告中进行说明。

第九条　资产评估专业人员应当提醒委托人根据无形资产准则的相关要求确定评估基准日。评估基准日可以是资产负债表日、交易日、减值测试日等。

第十条　资产评估专业人员应当要求委托人或者其他相关当事人提供涉及评估对象和评估范围的必要资料。委托人和其他相关当事人依法提供并保证其真实性、完整性、合法性。资产评估专业人员应当依法对执行碳权资产价值评估业务中使用的资料进行核查验证。

第十一条　资产评估专业人员应当根据碳权资产价值评估业务的具体情况合理确定评估假设。

第三章　评估对象

第十二条　执行碳权资产价值评估业务，应当与委托人进行充分协商，明确评估对象，并充分考虑评估对象的法律、物理与经济等具体特征对评估业务的影响。

第十三条　碳权资产的内涵有广义和狭义之分，狭义的碳权资产是指碳配额和减排量，广义的碳资产还包括低碳技术、低碳专利、低碳设备等等。本指南的对象设定为基于交易活动产生的碳权资产即配额碳排放权，是经过政府的初次分配后，可以在二级市场上用于出售转让的那部分碳权资产。

第十四条　资产评估专业人员应当关注从委托人或者其他相关当事人处取得的评估对象的详细资料，关注碳权资产对企业的贡献。

第四章　价值类型

第十五条　执行碳权资产价值评估业务，应当根据相关会计准则具体要求、评估对象、评估目的、市场环境等相关条件明确价值类型。碳排放权的会计计量中，其初始计量采用成本价值，后续计量有公允价值、市场价值和重置价值。当碳排放权在市场上作为资产交易时，也有投资价值。

第五章　评估方法

第十六条　执行碳权资产价值评估，应根据评估对象、价值类型、资料收集情况和数据来源等相关条件，选择恰当的评估方法。碳权资产估值方法可以使用成本法、收益法、市场法、实物期权法。

第十七条　选择评估方法时应当与前期采用的评估方法保持一致。如果前期采用评估方法所依据的市场数据因发生重大变化而不再适用，或者通过采用与前期不同的评估方法使得评估结论更具代表性、更能反映评估对象的公允价值或者特定价值，可以变更评估方法。

　　第十八条　采用市场法进行碳权资产价值的评估，应当关注相关市场的活跃程度，从相关市场获得足够的交易案例或者其他比较对象，尽可能选择最接近、比较因素调整较少的交易案例或者其他比较对象作为参照物。

　　第十九条　在运用市场法对碳权资产价值进行评估时，应当考虑到地域经济水平因素、行业能源消费因素、企业减排成本因素以及交易时间因素的影响，在选择可比交易案例时，也应当考虑这几个因素的影响。

　　第二十条　在运用市场法对碳权资产价值进行评估时，应从交易时间、区域差异、行业差异等角度调整可比交易案例的价格。

　　第二十一条　采用收益法进行碳权资产价值评估，可以根据评估对象的特点及应用条件，采用现金流量折现法、增量收益折现法、节省许可费折现法、多期超额收益折现等具体评估方法。

　　第二十二条　采用收益法进行碳权资产价值评估，应当结合相关资产评估准则的要求，按照资产评估准则对收益法应用的有关规定，恰当考虑收益法的适用性，合理选择收益口径。

　　第二十三条　采用收益法进行碳权资产价值评估，应当从委托人或者其他相关当事人获取评估对象的经营状况及相关收益预测资料，按照会计与评估相关准则的规定，与委托人及其他相关当事人讨论未来各种可能性，结合被评估单位的人力资源、技术水平、资本结构、经营状况、历史业绩、发展趋势，考虑行业风险、政府管理、地区差异与企业差异，分析未来收益预测资料与评估目的及评估假设的适用性。

　　第二十四条　采用收益法对碳权资产价值进行评估，收益额的确定可以选取上市公司对比法。上市公司对比法是指选取与拥有被评估资产企业处于相同行业的上市公司作为可比对象，通过可比公司中相关无形资产所创造收益占全部收入的比例来估算可比公司相关无形资产的分成率，再以可比公司中相关无形资产分成率为基准，估算被评估无形资产的分成率。

　　第二十五条　采用收益法对碳权资产价值进行评估，可以利用加权平均资产回报率和企业税前资本成本对被评估资产的折现率进行测算，由企业全部资产的加权平均资产回报率剔除各单项资产的税前期望回报率后倒推出企业无形资产折现率。折现率的口径应当与收益口径保持一致。

第二十六条　在确定碳权资产的收益期限时，不仅要考虑所在企业寿命，还需要考虑环境变化和国家政策对其的影响，同时由于碳交易市场的政策法规和制度设计的不同，对收益年限的确定也有影响，要根据碳权资产所在市场的实际情况确定收益期限。

第二十七条　采用成本法进行碳权资产价值评估，应当按照资产评估准则的规定，测算重置成本，考虑被评估对象所依附的减排设备的实体性贬值，不考虑经济性贬值。

第二十八条　对于不存在相同或者相似资产活跃市场的，或者不能可靠地以收益法进行评估的资产，也可以采用成本法进行评估。但资产评估专业人员应当获取企业的承诺，并在资产评估报告中披露，其评估结论仅在相关资产的价值可以通过资产未来运营得以全额回收的前提下成立。

第二十九条　由于碳排放权易于转让，且价值因企业的生产效率而异，因此也可以使用期权定价模型来对碳排放权价值进行评估。期权定价方法又包括B—S期权定价模型和二叉树期权定价模型。

第三十条　采用期权定价法对碳权资产进行评估，应当结合碳权资产的属性，考虑企业所面临的不同情况，合理确定买权价值、卖权价值，得到碳权资产价值。

第三十一条　基于我国碳权交易市场现状进行研究，发现我国企业的碳排放权难以准确测量，这导致基于影子价格构建的碳权资产评估模型在我国碳权交易市场上的可能性很低。而在实物期权法的相关案例分析中，所需数据较为公开，相关参数可以合理进行调整，评估过程流畅，显示了实物期权法在我国碳权交易市场上是具有较大可行性的。

第三十二条　对同一评估对象采用多种评估方法时，应当对形成的各种测算结果进行分析，在综合考虑不同评估方法测算结果的合理性及所使用数据质量及数量的基础上，形成评估结论。

第三十三条　资产评估专业人员应当知晓相关经济合同所记载的与资产或者负债价值相关的金额不一定等同于该项资产或者负债于某一时点的公允价值。

第三十四条　资产评估专业人员应当知晓相关税收法律、行政法规对评估对象价值估算的影响，并在相关评估过程中予以恰当的考虑和处理。

第六章　披露要求

第三十五条　资产评估报告应当包含必要信息，使资产评估报告使用人能够正确理解评估结论，其中应当重点披露以下内容：

（一）评估对象的具体描述；

（二）价值类型的定义及其与会计准则或者相关会计核算、披露要求的对应关系；

（三）评估方法的选择过程和依据；

（四）评估方法的具体运用，结合相关计算过程、评估参数等加以说明；

（五）关键性假设及前提；

（六）关键性评估参数的测算、逻辑推理、形成过程和相关评估数据的获取来源；

（七）对企业提供的财务报告等评估中使用的资料所做的重大或者实质性调整。

第三十六条　执行碳权资产价值评估业务，应当在资产评估报告中披露评估结论所受到的限制，并提醒委托人关注其对财务报告的影响。

第三十七条　资产评估报告应当披露本次与前次评估时采用的评估方法是否一致；当出现不一致时，应当描述相应的变动并说明变动的原因。

参考文献

［1］北京环境交易所．什么是碳资产?[EB/OL]．(2010 - 11 - 24)[2021 - 02 - 04]．http：//www.cbeex.com.cn/article/ywzx/ver/tzcgl/201011/20101100025962.shtml.

［2］陈汉明．资产评估在可转让排污权价值鉴定中的运用价值［J］．首都经济贸易大学学报，2011（2）：74 - 80.

［3］陈立芸，刘金兰，王仙雅，等．基于 DDF 动态分析模型的边际碳减排成本估算：以天津市为例［J］．系统工程，2014，32（9）：74 - 80.

［4］陈诗一．能源消耗、二氧化碳排放与中国工业的可持续发展［J］．经济研究，2009，44（4）：41 - 55.

［5］陈艳声，邹辉文，蔡立雄，等．碳排放权定价研究进展［J］．龙岩学院学报，2018，36（4）：64 - 69.

［6］陈勇．华东地区碳排放权初始分配研究［J］．江苏电机工程，2016（1）：16 - 19.

［7］程擎擎．基于二级市场视角的企业排污权价值评估研究［D］．贵阳：贵州财经大学，2012.

［8］程文荣．基于灰色系统理论的江苏省能源消费研究［D］．南京：南京信息工程大学，2016.

［9］单联宏．基于灰色关联相对贴近度的评价方法研究［J］．管理纵横，2010（15）：118 - 119.

［10］邓慧婷，孟全省．基于期权定价模型与灰色关联度分析的林木资产评估方法研究［J］．林业经济问题，2013（1）：36 - 39.

［11］丁洋洋．基于 DEA 模型的我国快递业效率实证研究［D］．北京：北京交通大学，2018.

［12］杜子平，刘福存．我国区域碳排放权价格及其影响因素研究：基于 GA - BP - MIV 模型的实证分析［J］．价值理论与实践，2018（6）：42 - 45.

［13］段康．基于重置成本法的碳排放权价值评估［D］．兰州：兰州财经大学，2015.

［14］段亚琛．基于市场法的碳权资产价值评估研究［D］．北京：首都经济贸易大学，2017.

［15］范庆泉．环境规制、收入分配失衡与政府补偿机制［J］．经济研究，2018（5）：14-27.

［16］范庆泉．劳动力流动、征税方式转变与地区福利增进［J］．数量经济技术经济研究，2017，34（11）：115-131.

［17］冯路，何梦舒．碳排放权期货定价模型的构建与比较［J］．经济问题，2014（5）：21-25.

［18］福尔，皮特斯．气候变化与欧洲排放交易理论与实践［M］．鞠美庭，羊志洪，郭彩霞，等译．北京：化学工业出版社，2011：136-157.

［19］干春晖，郑若谷，余典范．中国产业结构变迁对经济增长和波动的影响［J］．经济研究，2011，46（5）：4-16.

［20］高跃．资产评估如何服务于碳资产会计处理［J］．绿色财会，2013（8）：33-35.

［21］关丽娟，乔晗，赵鸣，等．我国碳排放权交易及其定价研究：基于影子价格模型的分析［J］．价格理论与实践，2012（4）：83-84.

［22］郭文，黄可欣．碳排放权交易背景下配额碳资产的价值评估研究［J］．商业会计，2019（17）：20-24.

［23］郭文，叶子瑜，王洁，等．基于实物期权的企业项目碳资产价值评估研究［J］．商业会计，2019（10）：17-19.

［24］郭怡思．模糊关联理论在碳评估市场法中的应用研究［D］．北京：首都经济贸易大学，2017.

［25］国家发改委．国家发展改革委办公厅关于切实做好全国碳排放权交易市场启动重点工作的通知：发改办气候〔2016〕57号［A/OL］．（2016-01-22）［2021-03-08］．http：//www.ndrc.gov.cn/gzdt/201601/t20160122_772150.html.

［26］国家发改委．国家发展改革委办公厅关于做好2016—2017年度碳排放报告与核查及排放监测计划制定工作的通知：发改办气候〔2017〕1989号［A/OL］．（2017-12-25）［2021-03-08］．http：//qhs.ndrc.gov.cn/qjfzjz/201712/t20171215_870557.html.

［27］国家发展改革委应对气候变化司．省级温室气体清单编制指南［A/OL］．（2011-11-30）［2021-04-11］．http：//www.docin.com/p-297792786.html.

［28］国家统计局．中国统计年鉴2013［M］．北京：中国统计出版

社，2013.

［29］国家统计局能源统计司，国家能源局综合司．中国能源统计年鉴 2015［M］．北京：中国统计出版社，2016.

［30］国家统计局能源统计司．中国能源统计年鉴 2013［M］．北京：中国统计出版社，2013.

［31］国务院办公厅．关于深化电煤市场化改革的指导意见［A/OL］．(2012 – 12 – 25)［2021 – 04 – 11］．http：//www. nea. gov. cn/2012 – 12/26/c_ 132064264. htm.

［32］韩月明．碳减排行为与企业价值相关性研究［D］．哈尔滨：东北林业大学，2019.

［33］何梦舒．我国碳排放权初始分配研究：基于金融工程视角的分析［J］．管理世界，2011 (11)：172 – 173.

［34］何少琛．欧盟碳排放交易体系发展现状、改革方法及前景［D］．吉林大学，2016.

［35］何艳秋．最终需求视角下我国碳排放总量地区分解研究［J］．科技管理研究，2015 (16)：230 – 235.

［36］洪涓，陈静．我国碳交易市场价格影响因素分析［J］．经济理论与实践，2009 (12)：65 – 66.

［37］洪鸳肖．欧盟碳交易机制研究［J］．现代商贸工业，2018，39 (22)：41 – 42.

［38］胡民．排污权定价的影子价格模型分析［J］．价格月刊，2007 (2)：19 – 22.

［39］胡垚．基于影子价格模型的我国碳排放权交易市场价格研究［D］．哈尔滨：哈尔滨理工大学，2018.

［40］黄飞鸿．基于欧盟碳排放贸易体系的碳金融衍生品定价研究［D］．广州：广东商学院，2011.

［41］黄岚．改进的 B – S 期权定价模型在碳排放权价值评估中的应用研究［D］．南昌：江西财经大学，2020.

［42］霍润科，李宁，马英军．工程岩体 c，Φ 值选取的模糊 – 关联分析［J］．岩石力学与工程学报，2004 (9)：1481 – 1485.

［43］贾颖逸．碳权资产市场法特征因素研究［D］．北京：首都经济贸易大学，2017.

［44］江玉国，范莉莉．企业减排碳无形资产的影响因素研究［J］．华东

经济管理，2016（1）：136－141.

　　［45］蒋珂慧．计算机制造业专利资产评估中收益分成率研究［D］．长沙：湖南大学，2018.

　　［46］蒋伟杰，张少华．中国工业二氧化碳影子价格的稳健估计与减排政策［J］．管理世界，2018，34（7）：32－49.

　　［47］焦金金．碳排放权内在价值研究［D］．北京：北京交通大学，2018.

　　［48］荆晓东．建设低碳电力系统面临的挑战及对策分析［J］．科协论坛（下半月），2013（5）：35－36.

　　［49］李炳军，朱春阳，周杰．原始数据无量纲化处理对灰色关联序的影响［J］．河南农业大学学报，2002（2）：199－202.

　　［50］李邓杰，宋夏云．我国碳排放权价值评估模式研究与应用：以浙能电力（600023）为例［J］．中国资产评估，2019（6）：20－24.

　　［51］李继峰，顾阿伦，张成龙，等．"十四五"中国分省经济发展、能源需求与碳排放展望：基于 CMRCGE 模型的分析［J］．气候变化研究进展，2019，15（6）：649－659.

　　［52］李谊．碳排放权交易定价影响因素的实证研究［J］．价格理论与实践，2020（6）：146－149.

　　［53］李毅．基于灰色关联与贴近度的房价评估［J］．电子技术与软件工程，2015（17）：188－189.

　　［54］李元祯．企业碳排放权价值评估研究［D］．天津：天津财经大学，2013.

　　［55］李钊．我国 CDM 项目发展研究［J］．合作经济与科技，2016（24）：46－48.

　　［56］梁美健，罗亚丽．碳排放权的资产观及其评估的若干思考［D］．北京：首都经济贸易大学，2016.

　　［57］梁美健，段亚琛，孙立颖．碳权资产市场法估值模型的构建与修正［J］．会计之友，2018（16）：134－140.

　　［58］梁美健，耿沐忱，李飞祥．碳资产评估方法的调查分析［J］．经济师，2018（11）：23－27.

　　［59］梁美健，贾颖逸，李飞祥．碳权资产市场法估值中特征因素的实证分析［J］．中国资产评估，2018（6）：10－19.

[60] 梁美健，贾颖逸，谢淑红．碳权资产评估若干问题探讨 [J]．经济师，2016（1）：19－22.

[61] 梁美健，逄啸洋．中外碳排放权交易流程对比分析 [J]．经济师，2019（5）：12－15，18.

[62] 梁中．"产业碳锁定"的内涵、成因及其"解锁"政策：基于中国欠发达区域情景视角 [J]．科学学研究，2017（1）：54－62.

[63] 刘鹤．企业碳无形资产识别与评估研究综述 [J]．西安电子科技大学学报（社会科学版），2015（2）：9－15.

[64] 刘宏．我国钢材期货对现货价格波动的影响 [J]．中国流通经济，2011，25（12）：115－119.

[65] 刘尚余．可再生能源领域 CDM 项目标准评估体系的构建 [J]．能源与环境，2007（6）：37－40.

[66] 刘小小．碳排放权价格的影响因素分析 [D]．杭州：杭州电子科技大学，2014.

[67] 刘颖，黄冠宁．对美国芝加哥气候交易所的研究与分析 [J]．法制与社会，2018（2）：10－11.

[68] 路京京．中国碳排放权交易价格的驱动因素与管理制度研究 [D]．长春：吉林大学，2019.

[69] 吕红，姚淑萍，郑永红．用欧几里得贴近度法和灰色关联度法评价大气环境质量 [J]．污染防治技术，1995（2）：109－111.

[70] 吕靖烨，杨华，郭泽．基于 GA－RS 的中国碳排放权价格影响因素的分解研究 [J]．生态经济，2019，35（11）：42－47.

[71] 栾凤奎，刘凯诚，何桂雄，等．基于实物期权的电网公司碳资产价值评估 [J]．智慧电力，2018（7）：45－51.

[72] 罗亚丽．碳权资产价值评估方法研究 [D]．北京：首都经济贸易大学，2017.

[73] 马瑞．基于超效率 SBM 的我国化工上市公司财务绩效分析研究 [D]．镇江：江苏科技大学，2017.

[74] 马钰．基于实物期权模型的企业碳资产价值评估方法研究 [D]．北京：华北电力大学，2016.

[75] 马赞甫，刘妍珺．基于 DEA 的影子价格估计方法 [J]．广西财经学院学报，2011，24（4）：70－74.

［76］牛英杰．基于边际成本和实物期权的电力企业碳资产评估研究［D］．北京：华北电力大学，2017．

［77］潘露．碳排放权价值评估方法研究［J］．中国资产评估，2020（3）：39 – 43．

［78］潘文卿，李子奈．中国沿海与内陆间经济影响的反馈与溢出效应［J］．经济研究，2007（5）：68 – 77．

［79］齐绍洲，王薇．欧盟碳排放权交易体系第三阶段改革对碳价格的影响［J］．环境经济研究，2020，5（1）：1 – 20．

［80］钱浩祺，吴力波，任飞州．从"鞭打快牛"到效率驱动：中国区域间碳排放权分配机制研究［J］．经济研究，2019（3）：86 – 102．

［81］钱洁园．低碳经济下基于 AHP 的碳资产评估［J］．科技经济市场，2015（11）：44．

［82］钱洁园．碳资产价值评估研究［D］．杭州：浙江财经大学，2015．

［83］邱瑾．基于模糊理论的 CDM 项目评价模型研究［J］．中小企业管理与科技，2012（1）：172．

［84］申小雨．基于蒙特卡洛模拟法的 CDM 碳资产评估研究［D］．北京：华北电力大学，2017．

［85］沈剑飞，伊静．我国碳排放权定价机制研究：基于碳排放权内在价值的分析［J］．价格理论与实践，2015（7）：37 – 39．

［86］时立文．SPSS19.0 统计分析［M］．北京：清华大学出版社，2012：286 – 289．

［87］史学瀛，杨博文．控排企业碳交易未达履约目标的罚则设定［J］．中国人口·资源与环境，2018，28（4）：35 – 42．

［88］首都金融．目前常见的碳金融工具有哪些？［EB/OL］．（2015 – 09 – 14）［2021 – 04 – 25］．http：//www.tanjiaoyi.com/article – 12544 – 1.html.

［89］宋国乾．碳资产价值评估研究［D］．昆明：云南财经大学，2016．

［90］宋晓迪．基于实物期权法的碳资产评估研究［D］．合肥：合肥工业大学，2017．

［91］苏振民．基于灰关联度的建筑工程造价模糊估测［J］．南京建筑工程学院学报（自然科学版），1993（4）：40 – 43．

［92］孙丹，马晓明．碳配额初始分配方法研究［J］．生态经济（学术版），2013（2）：81 – 85．

［93］孙立颖．基于影子价格和实物期权法的碳权资产价值评估研究［D］．北京：首都经济贸易大学，2019.

［94］汤维祺，吴力波，钱浩祺．从"污染天堂"到绿色增长：区域间高耗能产业转移的调控机制研究［J］．经济研究，2016（6）：58－70.

［95］田友春．中国分行业资本存量估算：1990－2014年［J］．数量经济技术经济研究，2016，33（6）：3－21.

［96］屠新曙，郭琳琳，刘纪显．基于排放成本的碳交易定价研究［J］．商场现代化，2012（9）：45－46.

［97］万林葳，朱学义．低碳背景下我国企业碳资产管理初探［J］．商业会计，2010（17）：68－69.

［98］汪培庄．模糊数学简介［J］．数学的实践与认识，1980（2）：45－59.

［99］汪中华，胡垚．基于影子价格模型的我国碳排放权交易市场价格扭曲度测算［J］．生态经济，2019，35（5）：13－20.

［100］汪中华，胡垚．我国碳排放权交易价格影响因素分析［J］．工业技术经济，2018，37（2）：128－136.

［101］王爱国．我的碳会计观［J］．会计研究，2012（5）：3－9.

［102］王春萌．碳税税基评估方法研究［D］．北京：首都经济贸易大学，2018.

［103］王国平．大气污染物影响因素的灰色关联分析［J］．干旱环境监测，1994（30）：35－39.

［104］王璟珉，岳杰，魏东．期权理论视角下的企业内部碳交易机制定价策略研究［J］．山东大学学报（哲学社会科学版），2010（2）：86－94.

［105］王秋璞．环境金融背景下碳资产评估的理论探析：基于碳资产会计确认和定价的视角［D］．广州：暨南大学，2015.

［106］王嵩峰，周培疆．Euclid贴近度：灰色关联模型在环境评价中的应用［J］．环境科学与技术，2004（27）：25－27.

［107］王素凤．中国碳排放权初始分配与减排机制研究［D］．合肥：合肥工业大学，2014.

［108］王昕婷，吴芷萱，袁广达．碳排放权价值评估模型构建：以大唐国际发电股份有限公司为例［J］．财会月刊，2020（7）：37－42.

［109］王阳，谭高佳，张文轩，等．碳排放权的会计确认、计量与信息披露研究综述［J］．现代经济信息，2018（1）：146－147.

[110] 王豫. 基于影子价格模型的碳资产评估 [J]. 中国经贸导刊（中），2019（5）：29 - 30.

[111] 王钊，王良虎，胡江峰. 碳排放交易制度下城市减排的机会成本研究：基于中国碳排放试点城市的实证检验 [J]. 中国环境管理，2019，11（6）：57 - 63.

[112] 王祯显. 模糊数学在土建工程中招标投标的应用 [J]. 土木工程学报，1986（10）：88 - 92.

[113] 魏家齐，白波. 基于灰色关联度分析的专利组价值评估方法：以北京 T 安全科技公司为例 [J]. 文化学刊，2020（7）：6 - 11.

[114] 吴力波，钱浩祺，汤维祺. 基于动态边际减排成本模拟的碳排放权交易与碳税选择机制 [J]. 经济研究，2014，49（9）：48 - 61，148.

[115] 谢宗春. 中国集团公司整体上市绩效的实证研究 [D]. 青岛：中国海洋大学，2008.

[116] 邢书军. 工业二氧化碳排放影子价格区域计量统计分析 [D]. 湘潭：湖南科技大学，2016.

[117] 徐静，储盼，任庆忠. 碳排放权期权定价及实证研究 [J]. 统计与决策，2015（6）：162 - 165.

[118] 徐静，张瑜璇. 火力发电企业离散决策及其对碳排放权价格影响 [J]. 管理工程学报，2020（2）：105 - 115.

[119] 薛君. 中国农户农业生产性固定资产投资的行为分析 [D]. 呼和浩特：内蒙古财经大学，2012.

[120] 杨超，吴立军，李江风，等. 公平视角下中国地区碳排放权分配研究 [J]. 资源科学，2019，41（10）：1801 - 1813.

[121] 杨子晖，陈里璇，罗彤. 边际减排成本与区域差异性研究 [J]. 管理科学学报，2019（2）：1 - 21.

[122] 叶斌，唐杰，陆强. 碳排放影子价格模型：以深圳市电力行业为例 [J]. 中国人口·资源与环境，2012，22（11）：172 - 176.

[123] 于倩雯，吴凤平，沈俊源，等. 碳金融市场下基于模糊测度和 Choquet 积分的碳期权估值 [J]. 北京理工大学学报（社会科学版），2020，22（1）：13 - 20.

[124] 虞锡君. 减排背景下完善排污权交易机制探析：以全国首个试点城市浙江省嘉兴市为例 [J]. 农业经济问题，2009（3）：99 - 102.

［125］苑泽明，李元桢．总量交易机制下碳排放权确认与计量研究［J］．会计研究，2013（11）：55 - 58.

［126］曾悦．碳期货定价方法及价格预测技术综述［J］．新型工业化，2017，7（2）：81 - 88.

［127］张富利．公平视域下我国碳排放配额的初始分配［J］．华侨大学学报（哲学社会科学版），2020（5）：65 - 78.

［128］张化光．碳权资产评估理论和方法研究［D］．北京：华北电力大学，2015.

［129］张洁慧．钢铁企业价值评估与模糊数学原理之我见［J］．商业科教，2014（30）：170 - 171.

［130］张凯艺，张潮．基于项目的企业碳资产价值评估模型构建探究［J］．财会通讯，2020（24）：1 - 4.

［131］张丽欣，王峰，曾桉．欧盟与美国碳市场第三方核查机制研究及对中国的启示［J］．质量与认证，2019（2）：62 - 64.

［132］张鹏．碳排放权交易市场价格的影响因素研究［J］．中国市场，2020（16）：10 - 11.

［133］张鹏飞．基于SBM模型的中国工业效率评价［D］．昆明：云南财经大学，2017.

［134］张同斌，刘琳．中国碳减排政策效应的模拟分析与对比研究：兼论如何平衡经济增长与碳强度下降的双重目标［J］．中国环境科学，2017，37（9）：3591 - 3600.

［135］张同斌，周县华，刘巧红．碳减排方案优化及其在产业升级中的效应研究［J］．中国环境科学，2018，38（7）：2758 - 2767.

［136］张薇，伍中信，王蜜，等．产权保护导向的碳排放权会计确认与计量研究［J］．会计研究，2014（3）：88 - 96.

［137］张协奎，陈伟清，成文山，等．基于模糊数学的市场比较法研究［J］．中国管理科学，2001（3）：37 - 42.

［138］张亚雄，齐舒畅．2002—2007年中国区域间投入产出表［M］．北京：中国统计出版社，2012.

［139］张妍，李玥．国际碳排放权交易体系研究及对中国的启示［J］．生态经济，2018，34（2）：66 - 70.

［140］张阳，柯勇，王鲁鑫，等．基于模糊数学和灰关联分析的多因素综

合评判方法优选完井方式 [J]. 辽宁化工, 2012 (10): 1075-1076.

[141] 张志红, 戚杰. 资产评估视角下碳排放权的"资产观"研究 [J]. 经济与管理评论, 2015 (5): 50-65.

[142] 赵锋. 我国低碳建筑的市场运行模式研究 [D]. 重庆: 重庆大学, 2010.

[143] 赵海涛. 甘肃省工业行业 CO_2 排放的影子价格研究 [D]. 兰州: 兰州大学, 2012.

[144] 赵佳. 碳权资产的定义、识别和评估思路 [D]. 成都: 西南交通大学, 2015.

[145] 赵静. 城市碳减排成本及其影响因素研究 [D]. 广州: 暨南大学, 2017.

[146] 赵立祥, 胡灿. 我国碳排放权交易价格影响因素研究 [J]. 价格理论与实践, 2016 (7): 101-106.

[147] 赵小鹭, 王颖. 全国碳排放权交易体系进展与展望 [J]. 中华环境, 2021 (Z1): 53-56.

[148] 赵彦锋, 李金铠, 张瑾. 基于碳排放权属性的碳资产确认与计量 [J]. 金融理论与实践, 2018 (5): 1-4.

[149] 郑爽, 刘海燕. 欧盟与美国碳市场核查制度建设经验及启示 [J]. 中国能源, 2017, 39 (11): 28-32.

[150] 中共中央国务院. 关于推进价格机制改革的若干意见 [A/OL]. (2015-10-15) [2021-04-11]. http://politics. people. com. cn/n/2015/1015/c70731-27703106. html.

[151] 周春喜. 基于模糊数学的房地产市场法价格评估 [J]. 中国资产评估, 2004 (5): 25-28.

[152] 周林, 刘泓汛, 曹铭, 等. 全国碳排放权交易市场模拟及价格风险 [J]. 西安交通大学学报 (社会科学版), 2020 (3): 109-118.

[153] 周县华, 范庆泉. 碳强度减排目标的实现机制与行业减排路径的优化设计 [J]. 世界经济, 2016, 39 (7): 168-192.

[154] 朱守先. 温室气体减排的责任主体分析与对策 [J]. 生态经济, 2016, 32 (4): 166-169.

[155] 朱晓丹. 基于投资者非理性行为的国际碳期货市场价格研究 [D]. 合肥: 合肥工业大学, 2017.

［156］朱跃钊，陈红喜，赵智敏．基于 B - S 定价模型的碳排放权交易定价研究［J］．科技进步与对策，2013，30（5）：27 - 30．

［157］庄德栋．欧盟碳市场相依结构和风险溢出效应对碳排放权价格波动影响研究［D］．广州：华南理工大学，2014．

［158］邹绍辉，张甜．国际碳期货价格与国内碳价动态关系［J］．山东大学学报（理学版），2018，53（5）：70 - 79．

［159］ALBEROLA E，CHEVALLIER J，CHÈZE B. The EU emissions trading scheme：the effects of industrial production and CO_2 emissions on European carbon prices［J］．Int. Econ，2009，116（4）：95 - 128．

［160］ANDREW R，PETERS G P，LENNOX J. Approximation and regional aggregation in multi - regional input - output analysis for national carbon footprint accounting［J］．Economic Systems Research，2009，21（3）：311 - 335．

［161］ANDRIIKO O，SUCHCHENKO O. Carbon price formation：choosing factors and developing EUA pricemodel［D］．Kyiv：Kyiv National Economic University，2015．

［162］ANKE C，HOBBIE H，SCHREIBER S，et al. Coal phase - outs and carbon prices：interactions between EU emission trading and national carbon mitigation policies［J］．Energy Policy，2020，144（C）．

［163］BOLE T. Balancing the carbon market - overview of carbon price estimates［R］．Netherlands：Energy Research Centre of the Netherlands，2009．

［164］CHRISTIANSEN A C，ARVANITAKIS A，TANGEN K，et al. Price determinants in the EU emissions trading scheme［J］．Climate Policy，2005，5（1）：15 - 30．

［165］CIORBA U，PAULI F，LANZA A. Kyoto protocol and emission trading：does the US make a difference?［R］．Milan：FEEM working paper，2001．

［166］COGGINS J S，SWINTON J R. The price of pollution：a dual approach to valuing SO_2 allowances［J］．Journal of Environmental Economics and Management，1996（30）：58 - 72．

［167］CONVERY F J，REDMOND L. Market and price developments in the European Union emissions tradingscheme［J］．Review of Environmental Economics and Policy，2007，1（1）：88 - 111．

［168］CRETI A，JOUVET P，MIGNON V. Carbon price drivers：phase i versus phase ii equilibrium?［J］．Energy Economics，2012，34（1）：327 - 334．

［169］CRIQUI P, VIGUIER L, MIMA S. Marginal abatement costs of CO_2 emission reductions, geographical flexibility and concrete ceilings: an assessment using the POLES model ［J］. Energy Policy, 1999, 27 (10): 585 –601.

［170］DASKALAKIS G, PSYCHOYIOS D, MARKELLOS R N. Modeling CO_2 emission allowance prices and derivatives: evidence from the European trading scheme ［J］. Journal of Banking&Finance, 2009, 33 (7): 1230 –1241.

［171］DHAVALE D G, DILEEP G, SARKISJ. Stochastic internal rate of return on investments in sustainable assets generating carbon credits ［J］. Computers and Operations Research, 2018, 89: 324 –336.

［172］DHAVALE D G, SARKIS J. Pricing of emission permits in internal markets: a bayesian markov chain monte carlo approach, Working Paper WP5 – 2014 ［C］. Worcester, MA. : Worcester Polytechnic Institute, 2014.

［173］DISSOU Y, KARNIZOVA L. Emission cap or emissions tax? a multi – sector business cycle analysis ［J］. Journal of Environmental Economics and Management, 2016, 79: 169 –188.

［174］FISCHER C, NEWELL R G. Environmental and technology policies for climate mitigation ［J］. Environmental Economics and Management, 2008 (2): 142 –162.

［175］HAMMOUDEH S, NGUYEN D K, SOUSA R M. Energy prices and CO_2 emission allowance prices: a quantile regression approach ［J］. Energy Policy, 2014, 70: 201 –206.

［176］HINTERMANN B. Allowance price drivers in the first phase of the EU ETS ［J］. Journal of Environmental Economics and Management, 2010, 59 (1): 43 –56.

［177］HOLTSMARK B, MAESTAD O. Emissions trading under the Kyoto Protocol—effects on fossil fuel markets under alternative regimes ［J］. Energy Policy, 2002, 30 (3): 207 –218.

［178］HORVATH M. Sectoral shocks and aggregate fluctuations ［J］. Journal of Monetary Economics, 2000, 45 (1): 69 –106, 168 –192.

［179］HOUBERT K, DE DOMINICIS A. Trading in the rain: rainfall and European power sector emissions: No. 9 ［R］. Climate Task Force—Caisse des Depots, France, June 2006.

［180］HU J W, LIAO Y J. Impact of energy prices on the volatility of the EUA spot price: application of the CARR and GARCH models [C]. The 88th WEAI Annual Conference, 2013 - 06 - 29, Seattle, Washington, USA.

[181] IPCC. 2006 Guidelines for National Greenhouse Gas Inventories: Volume II [A/OL]. [2021 - 04 - 11]. http://www. ipcc. ch/ipccreports/Methodology - reports. htm.

[182] KANEN J L M. Carbon trading and pricing [M]. London: Environmental Finance Publications, 2006.

[183] KIM K, KIM Y. How Important is the intermediate input channel in explaining sectoral employment co - movement over the business cycle? [J]. Review of Economic Dynamics, 2006, 9 (4): 659 - 682.

[184] LLOYD B, SUBBAIAO S. Development challenges under the clean development mechanism (cdm): can renewable energy initiatives be put in place before peak oi? [J]. Energy Policy, 2009 (37): 237 - 245.

[185] LUTZ B J, PIGORSCH U, ROTFUß W. Nonlinearity in cap - and - trade systems: the EUA price and its fundamentals [J]. Energy Economics, 2013, 40: 222 - 232.

[186] MANSANET - BATALLER M, PARDO A, VALOR E. CO_2 prices, energy and weather [J]. The Energy Journal, 2007 (3): 67 - 86.

[187] MASON J E, FTHENAKIS V M, HANSEN T, et al. Energy payback and life - cycle CO_2 emissions of the BOS in an optimized 3. 5 MW PV installation [J]. Progress in Photovoltaics Research and Applications, 2006, 14 (2): 179 - 190.

[188] MAYDYBURA A, ANDREW B. A study of the determinants of emissions unit allowance price in the european union emissions trading scheme [J]. Australasian Accounting Business & Finance, 2011, 5 (4): 123 - 142.

[189] MOHAMED E, AROURI H, JAWADI F, et al. Nonlinearities in carbon spot - futures price relationships during Phase II of the EU ETS [J]. Economic Modelling, 2012, 29 (3): 884 - 892.

[190] MULLER R A, MESTELMAN S. What have we learned from emissions trading experiments [J]. Managerial and Decision Economics, 1998 (19): 225 - 238.

[191] PARDO A, MENEU V, VALOR E. Temperature and seasonality influences on Spanish electricityload [J]. Energy Economics, 2002 (24): 55 - 70.

[192] PAUL E, GUEGAN D, FRUNZA M C. Derivative pricing and hedging on carbonmarket [J]. Computer Technology and Development, 2009 (2): 130 - 133.

［193］ PRADHAN B K, GHOSH J, YAO Y F, et al. Carbon pricing and terms of trade effects for China and India: a general equilibrium analysis ［J］. Economic Modelling, 2017, 63: 60 – 74.

［194］ RATNATUNGA J. Future imperfect – investing in supply chain capabilities ［J］. Marketing Review St Gallen, 2011, 28 (3): 39 – 47.

［195］ REDMOND L, ENVECON A. Determining the price of carbon in the EU ETS ［EB/OL］. (2008 – 08 – 01)［2021 – 03 – 12］. http: //www. webmeets. com/files/ papers/EAERE/2008/801/Determining _ the _ Price _ of _ Carbon _ in _ the _ EU _ ETS% 28EAERE_Submission%29. pdf.

［196］ ROUND J I. Compensating feedbacks in interregional input – outputmodels ［J］. Journal of Regional Science, 1979, 19 (2): 145 – 155.

［197］ RUBIN J. A model of intertemporal emission trading, banking and borrowing ［J］. Journal of Environmental Economics and Management, 1996, 31 (16): 269 – 286.

［198］ SMITH K R, JERRETT M, ANDERSON H R, et al. Public health benefits of strategies to reduce greenhouse – gas emissions: health implications of short – lived greenhouse pollutants ［J］. The Lancet, 2009, 374 (9707): 2091 – 2103.

［199］ SRINIVASAN S. Optimal pricing instruments for emission reduction certificates ［J］. Environmental Science and Policy, 2011 (5): 569 – 577.

［200］ UHRIG – HOMBURG M, WAGNER M. Futures price dynamics of CO_2 emission certificates: an empirical analysis ［J］. Journal of Derivatives, 2009, 17 (2): 73 – 88.

［201］ United Nations. Handbook of input – output table compilation and analysis ［J］. Handbook of National Accounting, 1999 (74): 218 – 226.

［202］ WIEBE K S, BRUCKNER M, GILJUM S, et al. Carbon and materials embodied in the international trade of emerging economies ［J］. Journal of Industrial Ecology, 2012, 16 (4): 636 – 646.

［203］ WRIGHT E, KANUDIA A. Low carbon standard and transmission investment analysis in the new multi – region US power sector model facets ［J］. Energy Economics, 2014 , 46: 136 – 150.

［204］ YAN X, GE J P. The economy – carbon nexus in china: a multi – regional input – output analysis of the influence of sectoral and regional development ［J］. Energies, 2017, 10: 1 – 28.

［205］ZHANG D, RAUSCH S, KARPLUS V J, et al. Quantifying regional economic impacts of CO_2 intensity targets in China ［J］. Energy Economics, 2013, 40 (2): 687 – 701.